新农村建设丛书

农村种植与养殖设施

主编　庞清江
副主编　焦洪超　谢　冰

中国建筑工业出版社

图书在版编目(CIP)数据

农村种植与养殖设施/庞清江主编. —北京：中国建筑工业出版社，2010
（新农村建设丛书）
ISBN 978-7-112-10596-0

Ⅰ. 农… Ⅱ. 庞… Ⅲ. ①作物-栽培-基础设施②养殖-基础设施 Ⅳ. S31 S8

中国版本图书馆CIP数据核字（2008）第211031号

新农村建设丛书
农村种植与养殖设施
主编 庞清江
副主编 焦洪超 谢 冰
*
中国建筑工业出版社出版、发行（北京西郊百万庄）
各地新华书店、建筑书店经销
北京华艺制版公司制版
北京市兴顺印刷厂印刷
*
开本：850×1168毫米 1/32 印张：$7\frac{3}{4}$ 字数：223千字
2010年7月第一版 2010年7月第一次印刷
定价：**18.00**元
ISBN 978-7-112-10596-0
（17521）

本书作为“新农村建设丛书之一”，是我国社会主义新农村建设的实用性、科普性、引导性读物。适于长江中下游以北经济相对发达地区的农民、村镇干部及其他从事新农村建设工作的人员等使用。

全书共分十章：第一章概述；第二、三章介绍了种植大棚的建造方法及果蔬的贮藏；第四章至第九章介绍了各种养殖设施的建造方法；第十章简述了种植与养殖的生态农业在我国的发展、应用现状。

* * *

责任编辑：刘　江　张礼庆
责任设计：赵明霞
责任校对：孟　楠　梁珊珊

《新农村建设丛书》委员会

顾问委员会

周干峙　中国科学院院士、中国工程院院士、原建设部副部长
山　仑　中国工程院院士、中国科学院水土保持研究所研究员
李兵弟　住房和城乡建设部村镇建设司司长
赵　晖　住房和城乡建设部村镇建设司副司长
董树亭　山东农业大学副校长、教授
明　矩　教育部科技司基础处处长
单卫东　国土资源部科技司处长
李　波　农业部科技司调研员
卢兵友　科技部中国农村技术开发中心星火与信息处副处长、研究员
党国英　中国社会科学院农村发展研究所研究员
冯长春　北京大学城市与环境学院教授
贾　磊　山东大学校长助理、教授
戴震青　亚太建设科技信息研究院总工程师
Herbert kallmayer（郝伯特·卡尔迈耶）　德国巴伐利亚州内政部最高建设局原负责人、慕尼黑工业大学教授、山东农业大学客座教授

农村基层审稿员

曾维泉　四川省绵竹市玉泉镇龙兴村村主任
袁祥生　山东省青州市南张楼村村委主任
宋文静　山东省泰安市泰山区邱家店镇埠阳庄村大学生村官
吴补科　陕西省咸阳市杨凌农业高新产业示范区永安村村民
俞　祥　江苏省扬州市邗江区扬寿镇副镇长

本丛书为“十一五”国家科技支撑计划重大项目“村镇空间规划与土地利用关键技术研究”研究成果之一（项目编号2006BAJ05A0712）

·丛书序言·

建设社会主义新农村是我国现代化进程中的重大历史任务。党的十六届五中全会对新农村建设提出了“生产发展、生活宽裕、乡风文明、村容整洁、管理民主”的总要求。这既是党中央新时期对农村工作的纲领性要求，也是新农村建设必须达到的基本目标。由此可见，社会主义新农村，是社会主义经济建设、政治建设、文化建设、社会建设和党的建设协调推进的新农村，也是繁荣、富裕、民主、文明、和谐的新农村。建设社会主义新农村，需要国家政策推动，政府规划引导和资金支持，更需要新农村建设主力军——广大农民和村镇干部、技术人员团结奋斗，扎实推进。他们所缺乏的也正是实用技术的支持。

由山东农业大学徐学东教授主持编写的《新农村建设丛书》是为新农村建设提供较全面支持的一套涵盖面广、实用性强，语言简练、图文并茂、通俗易懂的好书。非常适合当前新农村建设主力军的广大农民朋友、新农村建设第一线工作的农村技术人员、村镇干部和大学生村官阅读使用。

山东农业大学是一所具有百年历史的知名多科性大学，具有与农村建设相关的齐全的学科门类和较强的学科交叉优势。在为新农村建设服务的过程中，该校已形成一支由多专业专家教授组成，立足农村，服务农民，有较强责任感和科技服务能力的新农村建设研究团队。他们参与了多项“十一五”科技支撑计划课题与建设部课题的研究工作，为新农村建设作出了重要贡献。该丛书的出版非常及时，满足了农村多元化发展的需要。

住房和城乡建设部村镇建设司司长　李兵弟

2010年3月26日

·丛书前言·

建设社会主义新农村是党中央、国务院在新形势下为促进农村经济社会全面发展作出的重大战略部署。中央为社会主义新农村建设描绘了"生产发展、生活宽裕、乡风文明、村容整洁、管理民主"的美好蓝图。党的十七届三中全会，进一步提出了"资源节约型、环境友好型农业生态体系基本形成，农村人居和生态环境明显改善，可持续发展能力不断增强"的农村改革发展目标。中央为建设社会主义新农村创造了非常好的政策环境，但是在当前条件下，建设社会主义新农村，是一项非常艰巨的历史任务。农民和村镇干部长期工作在生产建设第一线，是新农村建设的主体，在新农村建设中他们需要系统、全面地了解和掌握各领域的技术知识，以把握好新农村建设的方向，科学、合理有序地搞好建设。

作为新闻出版总署"十一五"规划图书，《新农村建设丛书》正是适应这一需要，针对当前新农村建设中最实际、最关键、最迫切需要解决的问题，特地为具有初中以上文化程度的普通农民、农村技术人员、村镇干部和大学生村官编写的一套大型综合性、知识性、实用性、科普性读物。重点解决上述群体在生活和工作中急需了解的技术问题。本丛书编写的指导思想是：以倡导新型发展理念和健康生活方式为目标，以农村基础设施建设为主要内容，为新农村建设提供全方位的应用技术，有效地指导村镇人居环境的全面提升，引导农民把我国农村建设成为节约、环保，卫生、安全，富裕、舒适，文明、和谐的社会主义新农村。

本丛书由上百位专家教授在深入调查的基础上精心编写，每一分册侧重于新农村建设需求的一个方面，丛书力求深入浅出、语言简练、图文并茂。读者既可收集丛书全部，也可根据实际需求有针对性地选择阅读。

由于我们认识水平所限，丛书的内容安排不一定能完全满足基层的实际需要，缺点错误也在所难免，恳请读者朋友提出批评指正。您在新农村建设中遇到的其他技术问题，也可直接与我们中心联系（电话0538－8249908，E-mail：zgczjs@126.com），我们将组织相关专家尽力给予帮助。

山东农业大学村镇建设工程技术研究中心　徐学东

2010年3月26日

本书前言

农村种植与养殖设施是现代农业的核心内容，是社会主义新农村建设的一个重要组成部分。《中共中央关于推进农村改革发展若干重大问题的决定》中指出："积极发展现代农业，提高农业综合生产能力。""发展现代农业，必须按照高产、优质、高效、生态、安全的要求，加快转变农业发展方式，推进农业科技进步和创新，加强农业物质技术装备，健全农业产业体系，提高土地产出率、资源利用率、劳动生产率，增强农业抗风险能力、国际竞争能力、可持续发展能力。"因此，加强农村种植与养殖设施的建设对发展现代农业、推进社会主义新农村建设具有重要意义。

本书列入国家新闻出版总署"十一五"规划，根据广大农民、村镇干部及其他从事新农村建设工作人员的需求进行编写的。

本书共分十章。第一章主要介绍了农村种植与养殖设施的概念、内容和作用以及发展概况与发展趋势；第二、三章较详细地介绍了温室大棚的规划布置、建造方法及果蔬的贮藏；第四章至第九章全面地介绍了各种养殖设施的规划布置及建造方法；第十章简述了种植与养殖的生态农业在我国的发展和应用现状。

参加本书编写的有山东农业大学庞清江（第一、十章）、焦洪超（第五章）、谢冰（第二章第1、3、5节和第2节的部分内容）、丁雷（第九章）、王云（第八章）、王兆升（第三章）、王晓云（第二章第4节）、林群（第二章第2节的部分内容）、刘美（第七章）、康丽（第六章）、邴爱英（第四章）等。全书由庞清江统一修改、编撰、定稿，参加本书编写的还有庞珺、侯杰、王伟锋、鹿新高、邓爱丽、姚倩倩。

由于本书内容广泛，不当之处在所难免，恳请读者批评指正。

目 录

第一章 概 述

一、农村种植与养殖设施的概念、内容及作用

1. 什么是农村种植与养殖设施?

根据现代农业发展的要求和内容，我们可以给出如下定义：农村种植与养殖设施是指为动植物生长发育，改善或创造环境气象因素，提供良好的生产环境条件，促进种植业和畜牧业的高效生产，所建造的一切人工设施。

2. 农村种植与养殖设施的主要组成内容有哪些?

从目前来看，农村种植设施主要有：各类大棚、各类温室和植物工厂三种不同技术层次的设施。农村养殖设施主要有：各类大棚（温室）、各类畜禽舍（场）、鱼池塘和工厂化饲养三种不同技术层次的设施。另外，农、牧、副、渔等产品的贮藏保鲜设施是农村种植与养殖设施的延续，也可看作农村种植与养殖设施的组成部分。

温室和大棚是目前普遍采用的农业设施。

温室又称为暖房，是一种以玻璃或塑料薄膜等材料作为屋面，用土、砖做成围墙，或者全部以透光材料作为屋面和围墙的房屋，具有充分采光、防寒保温能力。温室内可设置一些加热、降温、补光、遮光设备，使其具有较灵活的调节控制室内光照、空气和土壤的温湿度、二氧化碳浓度等动植物生长所需环境条件的能力。通常依其覆盖材料的不同分为玻璃温室和塑料温室两大类，塑料温室又分为软质塑料（PVC、PE、EVA 膜等）温室和硬质塑料（PC 板、FRA 板、FRP 板等）温室。另外温室还可以根据用途分为种植温室、养殖温室、展览温室、实验温室、餐饮温室、娱乐温室等；根据温室连栋数分为单栋温室和连栋温室；根据温室侧墙和山墙的形式分为直壁温室和斜壁温室；根据温室

屋面形式分为拱圆顶温室、尖屋顶温室、锯齿形温室和屋脊窗温室；根据覆盖材料及方式分为卷材塑料温室和片材塑料温室以及单层覆盖温室和双层覆盖温室。

我国习惯上将没有砖、石等围护结构，全部表面均用塑料薄膜覆盖的设施称为塑料（薄膜）大棚。温室和大棚的主要区别还在于内部设施。温室的内部设施比较齐全，一般包括增温系统、保温系统、降温系统、通风系统、控制系统、灌溉系统等；大棚只是简单的塑料薄膜和骨架结构，其内部设施很少，没有温室要求的高。大棚按棚顶形式可分为圆拱型棚和屋脊型棚两种；按其覆盖形式可分为单栋大棚和连栋大棚两种。按棚架结构可分为竹木结构大棚、简易钢管大棚、装配式镀锌钢管大棚、混凝土拱架式大棚、无柱钢架大棚、有柱式大棚、预制复合材料大棚等。

植物工厂和工厂化饲养设施是现代农业设施的高级形式，目前，我国还处于起步阶段。

3．农村种植与养殖设施的主要作用有哪些?

随着设施农业的发展，农村种植与养殖设施在现代农业生产中发挥着越来越重要的作用，总的来讲主要表现在以下几个方面：

（1）能够为动植物生长发育改善或创造环境气象因素，有效地规避不利的自然灾害，增强抗灾防灾能力，提供良好的生产环境条件；

（2）能够加快动植物产品的生产速度，缩短生产周期，保证动植物产品的常年供应；

（3）能够大幅度地提高动植物产品的产量和品质，实现绿色生产，改善生态环境，确保经济效益、社会效益和环境效益的同步增长；

（4）能够提高土地利用率，充分利用有限的耕地，改良荒漠地，最大限度地提高单位土地的生产率；

（5）可以有效地推进农业生产结构的调整，拓宽产业范围，优化产业结构，促进农业的可持续发展；

（6）便于机械化、自动化、智能化的实施，实现农业现代化等。

二、农村种植养殖设施与设施农业的关系

1. 设施农业的含义和内容

什么是设施农业？设施农业是外来语词汇，它是利用一定的人工建造的设施，能在局部范围改善或创造环境气象因素，为动植物生长发育及其产品的贮藏保鲜等提供良好的环境条件，而进行有效生产的农业。

设施农业是依靠科技进步而形成的高新技术产业，是农业实现大规模商品化、现代化的集中体现，也是农业高产、优质、高效的有效措施，是世界各国提供多样化新鲜农产品的重要手段，属于高投入高产出，资金、技术、劳动力密集型的产业。

设施农业的最大特点是：可人为地控制自然气候环境，不受自然条件和季节气候的限制。设施农业涵盖了建筑、材料、机械、自动控制、品种、园艺技术、栽培技术、养殖技术和管理等多种技术。简单来说就是在设施内进行农业生产，它是与传统的露地种植和养殖相比较而言的。

设施农业主要包括哪些内容？设施农业主要包括设施栽培和设施饲养。设施栽培又称保护地栽培，目前主要是指粮食、蔬菜、花卉、瓜果类等的设施栽培，塑料棚栽培、温室栽培和植物工厂栽培可以代表设施栽培的三种不同的技术层次。设施饲养，目前主要是指畜、禽、水产品和特种动物的设施养殖，塑料棚饲养、畜舍（场）饲养和工厂化饲养可以代表设施饲养的三种不同技术层次。

2. 农村种植养殖设施与设施农业的关系

设施农业是现代农业发展的具体体现，而农村种植与养殖设施是设施农业的核心和主体，是设施农业不可分割的主要组成内容，实质上是设施农业的硬件部分，属现代农业设施。设施农业

中包含着现代农业设施，两者相伴而生，共同发展。因此，设施农业的发展离不开现代农村种植与养殖设施，农村种植与养殖设施的现代化建设将促进设施农业的快速发展；同时，设施农业的发展又带动农村种植与养殖设施的发展，进而使传统农业走上现代农业的道路，确保农业的可持续发展。

三、农村种植与养殖设施的发展概况

伴随着设施农业的快速发展，农村种植与养殖设施作为设施农业的核心部分，正逐步由传统的粗放式向精细式转变。自20世纪50年代以来，世界上许多国家在设施农业快速发展的同时，农村种植与养殖设施得到了较大提升。从全球看，发达国家的设施农业及其农村种植与养殖设施发展较快。荷兰、日本、以色列、美国、韩国、西班牙、意大利、法国、加拿大等国家设施农业及其农村种植与养殖设施十分发达，其现代农业设施设备标准化程度、种苗技术及规范化栽培技术、植物保护及采后加工商品化技术、新型覆盖材料开发与应用技术、设施综合环境调控及农业机械化技术、现代化设施栽培（饲养）和工厂化栽培（饲养）等有较高的水平，居世界领先地位。

我国设施农业及其农村种植与养殖设施历史悠久，但现代设施农业及其农村种植与养殖设施起步较晚。改革开放以来，特别是1995年以来，在较大规模引进的基础上，设施农业及其农村种植与养殖设施发展迅速，至今已形成多种类型。在设施栽培方面，简易覆盖型（主要以地膜覆盖为典型代表）、简易设施型（主要包括中小拱棚）、一般设施型（如塑料大棚、加温温室、日光温室以及微滴灌系统等）和工厂化农业都有了较大发展，其中以节能日光温室、普通日光温室和塑料大棚发展最快。简易覆盖型、简易设施型和一般设施型农业技术含量低，粗放经营，经营规模较小。工厂化农业是设施农业及其农村种植与养殖设施的高级发展阶段，属于集约高效型农业，在我国尚处于实验或起步阶段。在设施饲养方面，我国已大量应用塑料棚越冬饲养，牧区饲养牛、羊，农区饲养猪、鸡，北方饲养热带鱼类，取得较大的经济效益。畜舍饲养技术在我国的推广应用，对于提高畜禽饲料报酬率和出栏率效果显著。20世纪80年代以来，不同技术水平的工厂化饲养畜禽发展很快，并成为保证许多大中型城市肉、蛋、奶充足供应的基本手段。工厂化养鱼发展仍处于试验或起步阶段，商业性的生产应用为数尚少。由于设施饲养的涉及面广，制约因素多，可控性差，因而我国的设施饲养发展还很不平衡。

四、农村种植与养殖设施的发展趋势

随着经济的发展、科技的进步和人们生活水平的提高，目前，设施农业及其农村种植与养殖设施的发展已呈现出以下新的趋势。

1．农业生产速度越来越快，生产周期越来越短，生产产品供应呈周年化。现代设施农业及其农村种植与养殖设施打破了传统农业地域和季节的限制，可以一年四季昼夜不停的快速为人们生产最理想的绿色食品，不分淡旺季全年均衡上市，保证了农产品，尤其是蔬菜、瓜果和肉、奶、蛋的周年化供应。如：日本一座800m^2（平方米）的小蔬菜工厂，栽培速生葛芭和小白菜，每天可收蔬菜130kg（公斤），折合每亩生产10万kg；丹麦首都郊区的一农场，生产的一种生吃的叶菜，从播种到收获平均只需6天时间，产品的年上市量为500万包，可满足该地区市场的8成；巴西一电子工程师创建的番茄工厂，番茄60天后可产果；印度近年来采用无土栽培的大麦青苗饲料9天后即可收割；工厂化育苗比露天生长快2~4倍。

2．单产水平越来越高。如：荷兰温室番茄年产量达到每平方米单产60~70kg，辣椒每平方米单产达30kg，420hm^2（公顷）的蔬菜温室，以生产番茄、黄瓜、甜椒为主，产值高达12~14亿美元；英国无土栽培技术，每平方米可生产番茄36kg，每亩年利润可高达人民币11万元之多；日本、以色列、韩国、西班牙等国单位面积优质蔬菜产出率亦相当高，因而农户收入水平高。我国的试验示范使温室常规蔬菜黄瓜亩产达1.5万kg以上，日光温室番茄亩产超过2万kg。

3. 地膜覆盖普及化。地膜覆盖栽培是许多国家发展设施农业及其农村种植与养殖设施采取的重要措施。由于用地膜覆盖农田可提高地温，保持土壤水分，促进有机质分解，减少杂草和病虫害危害，提高农作物产量，因而，得到了世界上很多国家的应用和迅速普及，面积与范围不断扩大，并在玉米、小麦、棉花、中草药和林木育苗等方面有了新的拓展。地膜材料也向可降解无污染方向发展。

4. 温室（大棚）日趋大型化。大型温室（大棚）设施具有投资少，土地利用率高，室内环境相对稳定，节约能源和资源，便于作业和产业化生产等优点，因此，温室（大棚）设施日趋大型化、规模化，连片产业化生产成为趋势。目前，国外每栋温室的面积基本上都在0.5公顷以上。连栋温室得到普遍推广，温室的栋高在4.5m（米）以上，玻璃面积增大。温室空间扩大后，可进行立体栽培和便于机械化作业。

5. 无土栽培发展迅速。温室无土栽培技术是随着温室生产而研究采用的一种最新栽培方式，目前，世界上已有100多个国家将无土栽培技术应用于温室生产。生产实践证明，无土栽培不仅高产，而且可向人们提供健康、营养、安全无公害、无污染的有机食品。营养液的循环利用节省投资，保护生态环境。目前，荷兰、英国、法国、德国大部分设施内均进行无土栽培，俄罗斯研发出露天水栽法的新技术，其优点是生产成本比室内水栽低得多，而产量却高得多。我国也加紧试验示范逐步推广。但目前无土栽培还有一定的局限性。因它必须在特殊设施条件下进行生产，初期投资较高，风险大，营养液有时会遭受病原菌感染使作物受害等问题有待研究攻克。因此，现阶段无土栽培主要用于蔬菜和花卉生产。

6. 工厂化农业正迅速兴起。工厂化农业是指在人工控制或创造的环境（设备场所）条件下，不依赖太阳和土壤，而利用水体（藻类等），使动物（主要是养殖业）、农作物、蔬菜、花卉、苗木、牧草、药草等不受大自然因素的制约，进行有计划的、程序化的如同工业品一样的连续生产。目前，在美国、日本等发达国家不仅实现了工厂化生产蔬菜、食用菌和名贵花木药材等，美国还研究利用“植物工厂”种植小麦、水稻以及进行植物组织培养和快繁、脱毒。在日本，已有企业建立了面积为1 500m^2 的植物工厂，并安装有机器人，从播种、培育到收获实现了电气化，优化密闭的环境，使蔬菜种苗移栽2周后，即可收获，全年收获产品20茬以上，蔬菜年产量是露地栽培的数十倍，是温室栽培的10倍以上。工厂化养畜禽20世纪80年代在国外兴起，现已发展到工厂化养猪、养鸡、养肉羊和奶牛等领域，其中以工厂化养鸡规模最大、效益也最高。据专家预测，21世纪发达国家工厂化养鸡场将采取全封闭或自动控制畜禽。总之，工厂化农业已成为21世纪新的发展重点。

7. 使用机器人服务于农业，已呈现出良好的前景。目前，世界上用来除草、挤奶、种植、采摘、收获、装运农产品、保护农作物不受禽兽危害的农用机器人不断涌现。美国一家公司设计出一种可根据不同土壤适量配肥配药的机器人；日本研发出了“机器渔民”；澳大利亚研制出机器人剪羊毛；加拿大采用数百台机器母猪在服役，这种机器母猪每隔1小时发出呼噜声唤醒小猪仔，同时伸出8只乳头供其吸乳，还能向仔猪分配食物、监督发育情况等使小猪仔残废率比原来降低了1/5，且机器母猪的成本一年内就可收回。日本是机器人普及最广泛的国家，目前已有数千台机器人应用于农业领域，包括耕种、施肥、收获、畜牧喂养、农田管理及各种辅助操作等。

8. 计算机智能化温室综合环境控制系统广泛采用。计算机智能化调控装置系统采用不同功能的传感器控测头，准确采集设施内室温、叶温、地温、室内湿度、土壤含水量等参数，并根据动植物生长所需求的最佳条件由计算机智能系统发出指令，将室内诸因素综合协调到最佳状态。

9. 管理机械化、自动化程度越来越高。日本、韩国为提高管理水平，研究开发出了多种设施园艺耕作机具，播种育苗装置，灌水施肥装置，通风窗自动开闭温湿度调节装置，自动嫁接装置等。日本1996年就有30多个农庄已普及喷灌、施农肥机器人，其在电脑控制下可以视作物生长情况和不同气候进行自动化操作。

第二章　塑料薄膜拱棚与日光温室

大棚和温室的类型较多，目前，我国农业生产采用较多的是塑料薄膜拱棚和日光温室。因此，本章重点介绍塑料薄膜拱棚和日光温室。塑料薄膜拱棚、日光温室是进行蔬菜、花卉、果树等保护地栽培的基本设施。在我国各地区，可以根据不同的经济条件、生产季节、气候条件、技术水平以及生产目的等，选择建造不同规格、不同造价的塑料薄膜拱棚与日光温室，对于实现蔬菜、花卉、果品等的四季生产、周年供应，满足城乡人民的消费需求，提高农民收入，具有十分重要的意义。

第一节　塑料薄膜拱棚

一、类型与用途

1. 类型

塑料薄膜拱棚是指采光棚面的骨架呈拱圆形、微拱形或斜面形，棚架上覆盖农用塑料薄膜，可以进行外覆盖或内覆盖的保护栽培设施。由于规模、骨架材料以及基本结构的不同，塑料拱棚又分成很多类型，主要有以下几种：

根据拱棚高度和宽度（跨度）的不同，可分为小拱棚、中拱棚和大拱棚。

根据建造材料的不同，可分为竹木结构、水泥预制件与竹木混合结构、菱镁拱架结构、钢筋或钢管结构的拱棚等。

根据拱棚内有无立柱，还可分为无立柱、有立柱拱棚，有立柱的又可分为一排立柱、两排立柱的拱棚。

除了以上几类不同规格的塑料拱棚外，在阳畦和塑料拱棚相结合的基础上，发展起一种介于塑料拱棚与日光温室之间、结构比较简易的过渡类型，一般称为小暖窖或改良阳畦，由半拱圆采光棚面和北、东、西土墙以及风障组成，操作空间也比较大，保温性好于一般拱棚，但与日光温室还有一定差距，是一种比较经济实用的保护设施。

2. 用途

(1) 大拱棚

表2-1为蔬菜作物塑料大棚栽培的主要茬口，安排生产时可以参考。

蔬菜作物塑料大棚栽培的主要茬口 表2-1

蔬菜种类	茬口	播种期（月/旬）	定植期（月/旬）	收获期（月/旬）
黄瓜	冬春茬	2/上	3/中、下	4~7
	秋延后	7/下	8/中	9/中、下~11/上、中
西瓜	冬春茬	1/下~2/上、中	3/上~4/上	5~6
厚皮甜瓜	冬春茬	1/中、下~2/上	3/上	5/中~6/上
	秋冬茬	7/上、中	8/中	10/中、下
番茄	冬春茬	12/中、下	2/下~3/上	4/下~5/上始收
茄子	冬春茬	11/下~12/上	3/下	5/上始收
辣椒	冬春茬	12/下	3/上、中	4/下~5/上始收
菜豆	春早熟	2/中	3/上、中	5/上~6/中
香椿	早熟	2/上	4/上	春节前后
芹菜	秋茬	7/上、中	9/上	11/下
	越冬茬	8/上、中	10/上、中	3/上、中
小白菜	春茬	3/上	4/上	分期

在果树生产中主要用于葡萄、桃、杏、李、樱桃等的春季早熟栽培以及葡萄的秋季延后栽培。

(2) 中拱棚

适合于多数蔬菜的早熟栽培，春季比小拱棚提前5~7天定植或播种。如1月上旬播种支架荷兰豆，1月中、下旬定植结球甘蓝，1月下旬至2月上旬定植青花菜、花椰菜、西葫芦等；2月中、下旬定植番茄、青椒、菜豆，2月下旬定植黄瓜、茄子、厚皮甜瓜、小冬瓜等。秋季进行番茄、茄子、青椒（春夏栽培后进行整枝）、西葫芦、厚皮甜瓜等的延后栽培。9月上、中旬还可以定植草莓，可在春节前上市。

在果树生产中主要用于葡萄的春提前和秋延后以及防雨栽培。

（3）小拱棚

1）盖草苫小拱棚

冬季适合栽培的蔬菜主要为耐寒、半耐寒的种类，如韭菜、青蒜、芹菜、薹菜、菠菜、乌塌菜、小油菜、荠菜、苦苣等。春季适合的蔬菜茬口可参考表2-2安排。

春季适合的蔬菜茬口　　表2-2

时间（月/旬）	1/中、下	1/下～2/上	2/上	2/上、中	2/中、下	2/下～3/上	3/中、下
播种种类	荷兰豆	四季萝卜	西葫芦、矮生菜豆、春夏萝卜等		茼蒿、茴香等		菜心、紫菜苔、空心菜、木耳菜、菜豆、豆角、黄秋葵等
定植种类		结球甘蓝（早熟品种）		青花菜、花椰菜	结球甘蓝、莴笋、结球莴苣、芥蓝	番茄、青椒、西葫芦、瓠瓜、黄瓜、茄子、厚皮甜瓜等	西瓜、节瓜、苦瓜、芥蓝等

在果树生产上主要用于早春栽培草莓、葡萄等较抗寒、植株矮小或蔓生的果树。

2）不盖草苫小拱棚

早熟栽培比盖草苫小拱棚的定植期晚 15 ~ 20 天，具体茬口可参考表 2-3 安排。

早熟栽培的蔬菜茬口 **表 2-3**

时间（月/旬）	3/上、中	3/中、下	3/下 ~ 4/上
蔬菜种类	定植：结球甘蓝、莴笋等	定植：番茄、青椒、西葫芦、黄瓜等	定植：茄子、西瓜、甜瓜等 播种：菜豆、长豆角等

（4）土墙半拱圆棚（改良阳畦）

一年中可以进行番茄、茄子、辣椒等茄果类蔬菜的秋延后和春早熟栽培，可安排 2 ~ 3 个茬口。也可以在 12 月至来年的 3 月栽培喜冷凉的叶菜类蔬菜如小白菜、莴苣、芫荽、芹菜等，还可在早春进行蔬菜育苗。

二、结构与设计

1．基本结构

（1）大拱棚（见图 2-1）

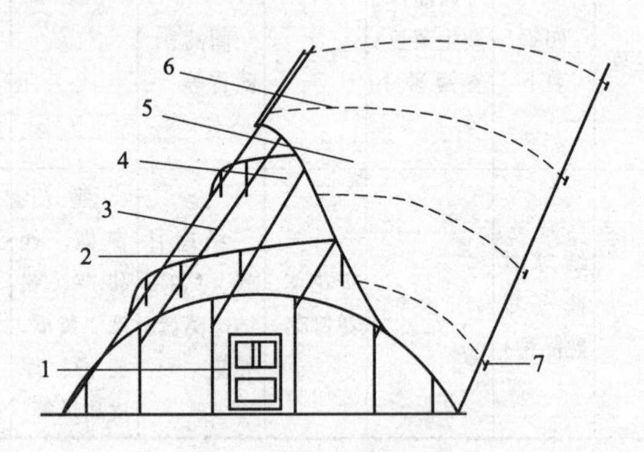

图 2-1　塑料大拱棚（引自韩世栋主编《蔬菜栽培》，北京：中国农业出版社，2001）

1—门；2—拱杆（拱架）；3—拉杆（纵梁）；4—立柱；5—塑料薄膜；6—压杆（压膜线）；7—地锚

主要由立柱、拱杆（拱架）、拉杆（纵梁）、压杆（压膜线）、塑料薄膜（也称薄膜或棚膜）等部分组成。其中，立柱、拱杆、拉杆、压杆就是俗称的"三杆一柱"，这是塑料薄膜大棚最基本的骨架构成，其他形式都是在这个基础上变化而来的。大棚骨架使用的材料比较简单，容易建造，但大棚结构是由各部件构成的一个整体，因此选料要适当，施工要严格。

1）立柱。竹木结构大棚可用木杆、水泥预制件等作立柱，立柱数量比较多，间距一般为2～3m，所以会在棚内地面上形成阴影，使光照分布不均匀，而且也妨碍棚内的农事操作。钢架结构大棚用钢管作立柱，数量很少，一般只有边柱，有的可以不设立柱。立柱主要用来防止拱架晃动、变形，起稳定拱架、有利于拱架造型的作用。

2）拱杆（拱架）。可以用竹竿、硬质塑料管、钢梁、钢管等制成，主要用来支撑棚膜、为棚面造型。

3）拉杆（纵梁）。可以用竹竿、钢梁、钢管等制成。拉杆的作用主要是与立柱、拱架纵横连接，一起使大棚的骨架成为一个稳定而牢固的整体。竹木结构大棚的拉杆一般固定在立柱上部距离顶端20～30cm（厘米）的地方，而钢架结构大棚的拉杆通常直接固定在拱架上。

4）压杆或压膜线。压杆一般用竹竿，压膜线可以是专用压膜线，也可以用粗铁丝或尼龙绳。使用压杆或压膜线的目的是为了固定棚膜，使棚膜绷紧。

5）塑料薄膜。作为透明覆盖物可以起到增温、保温、防雨等作用，可选用宽幅PE无滴膜、长寿膜、多功能复合膜等。

(2) 中拱棚

基本结构与大拱棚相同，只是在高度、宽度、长度上不如大拱棚。必要时，中拱棚可进行外覆盖，选用草苫、保温被等作外层覆盖材料。

(3) 小拱棚（见图2-2）

主要由拱架、塑料薄膜、保温覆盖物如草苫或保温被等构成。拱架多用竹片、细竹竿、紫穗槐条、钢筋或水泥预制件等制成。起拱高度一般为0.7～1m。单条拱架可用竹片、细竹竿或紫穗槐条，根据需要随时搭建，使用后及时拆除。固定拱架可用钢筋焊接成。

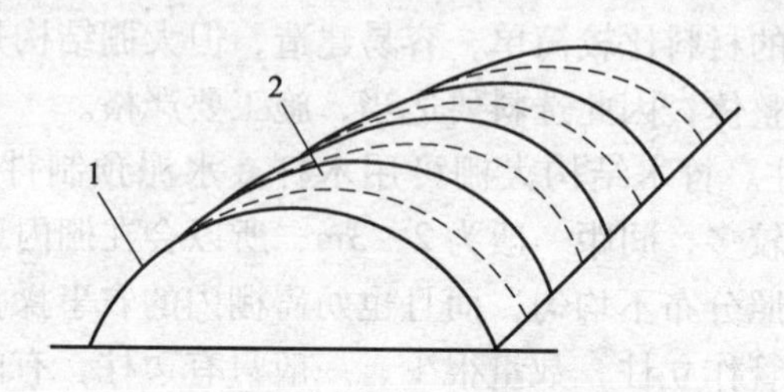

图2-2　塑料小拱棚（引自韩世栋主编《蔬菜栽培》，北京：中国农业出版社，2001）

1—拱架；2—塑料薄膜

（4）土墙半拱圆棚（改良阳畦，见图2-3）

由土墙、拱架、立柱、塑料薄膜、保温覆盖物等构成。棚架用竹竿、竹片、钢筋或菱镁拱梁制成。

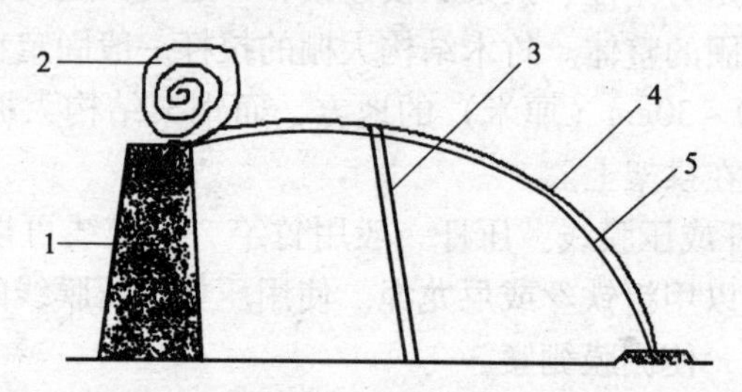

图2-3　改良阳畦

1—土墙；2—草苫；3—立柱；4—塑料薄膜；5—拱架

2．设计

（1）设计的基本要求

塑料拱棚设计的基本要求是：结构简单，跨度、高度（包括顶部高度和肩部高度）、长度、方位要合理，采光、保温性能好，坚固、耐用，建造费用低，施工容易，栽培和管理方便。

（2）基本规格

不同类型塑料拱棚基本结构差别不是很大，只是规模上有区别。小拱棚结构简单，取材容易，建造起来也比较方便、灵活，不再单独介绍。大、中型拱棚结构要复杂一些，但两种类型也比较接近，所以主要结构的设计一起说明。表2-4为塑料拱棚的基本规格设计参数。

塑料拱棚的基本规格参数　　表2-4

棚型	高度（m）	宽度（跨度）（m）	长度（m）	方　位
小拱棚	0.5~1.3	0.5~3.0	10~20	东西或南北延长
中拱棚	1.5~1.8	3~8	20~40	南北延长为宜
大拱棚	1.8~3.0	8~16	30~80	南北延长

在建造塑料大、中型拱棚时，要注意长度适宜，如果太短，棚内空间小温度变化大，影响保温；如果太长，管理起来不方便，容易造成棚内局部环境差异过大，影响生产。拱棚的高度和宽（跨）度也要适宜，最好保持一定的变化比例，合适的高度与跨度的比为1:4~1:6。棚的边高也要适宜，一般为1~1.5m，有利于棚面排雨排雪。在冬春季风雪比较大、春秋季雨水偏多的地区，拱棚不能建得过宽，一方面能保证棚面有良好的排雨排雪功能；另一方面可以防止风害损坏拱棚给生产造成损失。

实际建造时可在上述数据基础上，根据栽培作物种类、地形、地块大小等具体情况再做适当调整，以满足生产的需要。如简易竹木结构大棚，一般跨度6~12m，长度30~60m，肩高1~1.5m，脊高1.8~2.5m，按棚宽方向每2m设一根立柱，立柱粗6~8cm。焊接钢结构大棚，一般跨度8~12m，脊高2.6~3m，长30~60m，拱架间距1~1.2m。镀锌钢管装配式大棚，一般跨度4~12m，肩高1~1.8m，脊高2.5~3.2m，长度30~80m，拱架间距0.5~1m。

（3）棚边

分弧形和直立两种。弧形棚边抗风，扣膜也方便，而且一般不会磨坏棚膜，但容易使拱棚两边的空间低、矮，不适合栽培高架蔬菜。直立棚边的抗风能力较差，而且容易磨坏薄膜，但棚的两边空间宽大，适合各种蔬菜的栽培。

（4）通风口

塑料大棚通风口的总面积一般不少于总表面积的20%。棚顶通风口是大棚的主要放风口，可适当大一些，腰部和底部通风口可适当小一些。塑料大棚的通风口主要有窗式、扒缝式、卷帘式三种。窗式通风口是固定的，主要用于钢架结构大棚，可以自动或半自动开关，管理方便。扒缝式通风口是从上、下相邻的两幅薄膜重叠的位置扒开一条缝通风，通风口大小可灵活调节，使用方便，但容易磨坏薄膜，薄膜重叠部分盖不严密，影响保温性。卷帘式通风口是将薄膜固定在卷杆上，卷杆向上转就卷起棚膜通风，卷杆向下转就关闭通风口，薄膜叠压紧密，有利于保温，多用于钢架结构大棚和管材大棚。

（5）方位

基本方位有东西向延长和南北向延长两种。东西延长的大棚采光量大，增温快，保温性也较好，对作物早熟有利，但容易遭受风害；如果过宽，棚内光照分布不均匀，南北两边差异较大。这种方位适合宽度8~12m、高2.5m以下的大棚，以及春秋风害少的地区。南北延长的大棚采光性能虽然不如东西延长的，也不利于作物早熟，但能防风，棚内光照分布也较均匀，有利于作物生长整齐一致。所以，两种方位的拱棚各有优缺点，在确定拱棚的具体建造方位时，可以根据地块的基本条件、栽培作物的种类、生产需要以及当地的气候特点等因素进行选择。

（6）塑料薄膜

塑料薄膜的选择在“日光温室设计”内容中一起介绍。

（7）土墙半拱圆棚（改良阳畦）

在东西延长小拱棚的北面和东西两边建土墙，土墙一般高

0.8～1.2m，跨度3m左右，四周设风障。棚架用竹竿、竹片、钢筋或菱镁拱架，一头固定在北墙顶，另一头插入南边土中。拱架间的距离一般为0.8～1m，每隔3～4道拱架设1根立柱做支撑。从棚的一边通过柱顶向另一边，用6mm（毫米）粗钢筋或8号铁丝做拉线。拉线、立柱、拱架用细铁丝绑在一起。用钢筋和菱镁拱架的可不设立柱，用铁丝连在一起就行。另外，也可以建后屋顶。

三、建造与施工

1. 竹木结构塑料大棚

(1) 前期准备

大棚必须在晚秋或入冬前土地还没有封冻时建造，冬季降雪后要及时清除积雪，如果忽视积雪的清除，不但春天扣薄膜作业不方便，还会因融雪造成棚内土壤湿度太大，影响生产。

购买好立柱、拱杆、拉杆、铁丝、棚膜、压杆或压膜线等材料。立柱选用无虫蛀的硬杂木，直径6～7cm，长2.6～2.8m，刮去树皮。埋立柱前，先把上端锯成V形小豁，豁下钻眼，以便固定拱杆。立柱下端钉1根长20cm的横木，防止大风把立柱拔起，然后涂上沥青防腐。拱杆是支撑棚膜的骨架，用光滑无刺、无树杈的硬杂木或竹竿，长5～6m。

(2) 建造

1）画线。首先对选好址的场地整平地面，用测绳拉四边成长方形，白灰洒线。10～12m宽、50～55m长的大棚，根据拱杆的强度，埋6排立柱，每排立柱之间横向距离要按棚的宽度平均划分，立柱纵向每行距离保持1m或1.2m，使立柱纵横都能排成一条直线。然后用白灰准确地画好埋立柱的位置。

2）埋立柱。立柱位置画定后，开始挖柱坑，坑的上口直径35cm，下口直径25cm，坑深40cm，立柱埋到坑里的深度为30～40cm，夯实立牢。地上部两根中柱最高，腰柱和边柱依次降低15～20cm，边柱可直立，也可向内倾斜成80°（度）角，但要用一根斜柱把边柱支上。边柱离地面高1.5～1.7m。埋立柱一定要纵横成行，规格一致。

3）绑拱杆。立柱埋好后，绑拱杆。长度不够，应把两根接头处锯成楔形用细铁丝绑牢，铁丝头不要露在外面，以免划破棚膜。把拱杆架在立柱的豁口里卡住，在立柱上方的拱杆上钻眼，用粗铁丝穿过与立柱上的眼连在一起，拧牢固，使拱杆同立柱成为一体。

4）绑拉杆。所有立柱和拱杆全部连好后，开始绑拉杆，在距离立柱上端25～30cm处，顺着棚的方向（纵向），用细木杆或竹竿把各排立柱连接起来，用细铁丝拧牢固，这样整栋大棚的内架就会形成一个整体。

5）埋地锚。地锚就是压杆拉线的基石，在大棚外侧两排拱架之间，离棚0.5m处，挖0.5m深的坑，埋入石头、砖或木棒，上面绑一根8号铁丝，铁丝两端露在外面，把埋在土中的地锚夯实，留在外面的铁丝头与压杆连接。

6）焊接棚膜与扣棚。棚膜焊接用热粘接法，按棚的宽度量好棚膜。如果用聚乙烯膜或聚乙烯抗老化膜扣棚，需要把塑料筒剪开。剪裁棚膜时各幅长短要一致。总的长度是大棚长度加上两个棚头高度，再多出3m。棚膜的总宽度就是棚架的总长度（弧度长）再多出2m。棚膜的焊接方法，先搭一个宽4～5cm、长5～6m平滑的木板架，架上摆上棚膜，两幅膜的接缝宽4～5cm，棚膜上面垫一层牛皮纸，用电熨斗顺接缝压一遍，速度要均匀，接缝宽窄要一致，使两幅棚膜粘牢。

大棚周围挖好埋薄膜的沟，取出的土堆放在沟外侧。扣棚前，棚的四周挖30cm深的沟，准备埋棚膜。扣膜方法有：四块膜拼接、三块膜拼接和一整块膜满扣三种方法。大棚矢高2.2m以下的最好扣四块薄膜，以便于放风。扣棚应选无风天气。把粘好的棚膜卷起，从棚的顺风一侧先扣，棚膜超过棚顶扣到另一侧。先将1.5m宽的一幅薄膜的一边卷入麻绳或撕裂膜，烙合成小筒，盖在拱架两侧的下部，两头拉紧固定后用细铁丝固定在每个拱杆上，作为围裙。薄膜下部埋入沟中踩紧。再把另外两大幅薄膜盖在上部，中间搭接处也烙合成小筒，装上拉力较强的麻绳，下部超过围裙 30～40cm，在棚两侧用力拉紧棚膜。两端拉紧埋入四周沟中踩实。如遇大风天，要边扣膜、边拉紧、边埋膜。埋膜时要先埋迎风面，后埋顺风面，最后埋棚的两头。

7）上压杆。棚膜扣好后，把事先准备好的竹竿或 8 号铁丝，放在两排拱架之间，压住棚膜，就成为压杆或压膜线。压杆或压膜线的两头与地锚铁丝相接，并紧贴棚膜压紧，以后随着温度增高，棚膜变松，要经常调整压杆或压膜线，防止棚膜被风刮起。

8）装门。在棚的两头位于两排中柱之间，各安装一扇门，既是通道，又是大棚的通风口。先割开装门处的棚膜，装上门框和门，再用胶粘剂或木条把棚膜单独固定在门上，门的边缘棚膜也要钉牢封好，防止棚内进风鼓破棚膜。

2. 钢架结构塑料大棚

钢架大棚跨度 10m 左右，矢高 2.5～2.7m，每 m 一道桁架，桁架上弦用直径 16mm 钢筋，下弦用直径 14mm 钢筋，拉花（内腹杆）用直径 10～12mm 钢筋，桁架下弦每 2m 左右设一直径 16mm 钢筋纵向拉梁。在桁架两旁各设一段斜的小立柱，上端连上弦，下端立在纵梁上，以防桁架扭曲变形。

钢管骨架是用 4cm 或 6cm 钢管作拱杆，每隔 3 道拱杆设一道桁架，桁架上弦为 6cm 钢管，下弦为直径 14mm 钢筋，拉花直径 10～12mm，纵向拉梁和小立柱与钢筋桁架相同。

制作钢架时先在水泥地面上划一条超过 10m 长的直线，按 10m 跨度，取 9 个点向上引垂线，中间垂线高度定为矢高。另外 8 个垂线的上端确定高度点后，把由 0～10m 的各点圆滑地连起来即成为棚面弧形的上弦。按这个弧形做成模具，就可以焊制桁架，各片桁架焊好后与直径 16mm 的钢筋纵向拉梁焊接即成为钢架大棚。

钢架结构大棚，建造方法基本与竹木结构棚相似，只是拱杆和立柱用直径16～18mm的钢筋代替，而且只有四周有立柱，棚内无立柱。钢筋立柱埋入地下部分要用水泥座墩做成柱基，柱基大小为30cm×40cm立柱形，立柱上端与钢筋拱架焊牢，拉杆用直径14mm钢筋与立柱钢筋点焊连接。钢筋拱杆外面需用草绳或布条缠绕，以免磨破棚膜。压杆与竹木结构棚一样，可用竹竿或8号铁丝，棚建成后，所有钢筋应涂上防锈漆。其他建造方法与竹木大棚相同。

钢架结构塑料棚，结构简单，坚固耐用，作业方便，施工也比较容易，虽然一次性投资较大，但可连续使用10年以上。

第二节 日光温室

一、类型与用途

1. 类型

日光温室是指有北墙、东西山墙和后屋面，前屋面为覆盖塑料薄膜的采光屋面，可以建成单斜面、多坡面或拱圆形坡面等，还需要覆盖草苫、保温被等不透明覆盖物的单坡面塑料大棚。

根据日光温室的结构、性能和用途，可分为春用型和冬暖型两类，有时也将这两类日光温室分别称为春暖棚和冬暖棚，还有的地区将春暖棚叫做普通型日光温室，将冬暖棚叫做节能型日光温室。按照后屋面的不同，日光温室也可分为长后坡（宽屋面）、短后坡、无后坡三种类型。如果按照建造材料的不同进行分类，又可以将日光温室分成以下几种：

竹木结构日光温室：墙体为土墙，用竹竿做拱架，圆木或水泥柱作立柱，使用年限较短，优点是建造费用低。

水泥竹木混合结构日光温室：墙体为土墙，用水泥混凝土预制件作主拱架和立柱，或者用菱镁拱梁作拱架，也可以配合使用部分竹木拱架和立柱，结构较牢固，建造费用虽然也比较低，但使用年限比完全是竹木结构的日光温室要长。

钢管骨架结构日光温室：墙体为夹心（空心）砖墙，用钢管做骨架，无立柱，采光条件好，温室内空间大，结构牢固，所以使用年限明显延长，但建造费用高。

下面简单介绍生产上常用的几种日光温室的主要结构特点和性能。

（1）无后坡拱圆型温室（见图 2-4）

结构简单，建造费用低，是一种传统的简易日光温室。后墙为砖墙或土墙，拱架用竹片或竹竿定在立柱和后墙上。室内光照好，增温快，但保温性能差。适合喜温作物的春季提前、秋季延后栽培以及冬季耐寒作物生产。

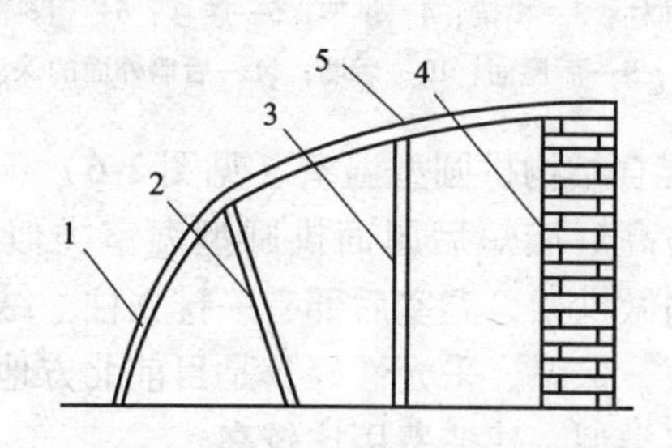

图 2-4　无后坡拱圆型温室（引自华中蔬菜网，园艺植物栽培学—温室栽培，2006）

1—拱架；2—前柱；3—腰柱；4—后墙；5—塑料薄膜

（2）矮后墙长后屋面拱圆型温室（见图 2-5）

土墙、竹木结构，前屋面为半拱形，上面覆塑料薄膜，夜间盖纸被、薄席、草苫等防寒保温。冬季棚内光照好，保温能力强。3 月份以后，由于后屋面较长，容易在后墙附近形成弱光区，影响光照，也是一种比较传统的日光温室类型，但建造费用较低。

（3）高后墙短后屋面拱圆型温室

土墙、竹木结构，是在矮后墙长后屋面拱圆型温室结构的基础上，提高了后墙、缩短了后屋面，所以冬季温室内光照充足，春秋季后屋面遮阴也明显减少，改善了室内的光照条件。但由于后屋面缩短，使温室的保温性降低，需加强保温措施，是一种结构改良型日光温室，建造费用也比较低。

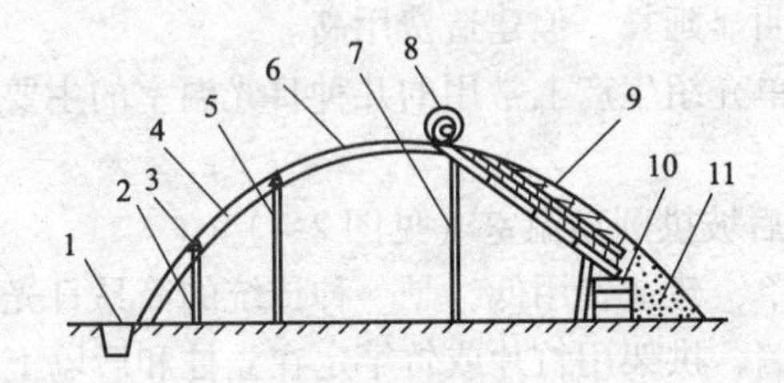

图 2-5　矮后墙长后屋面拱圆型温室（引自华中蔬菜网，园艺植物栽培学—温室栽培，2006）

1—防寒沟；2—前柱；3—横梁；4—拱架；5—腰柱；6—塑料薄膜；7—后柱；8—草苫；9—后屋面；10—后墙；11—后墙外面的保温土墙

（4）钢竹混合结构拱圆型温室（见图 2-6）

基本结构与高后墙短后屋面拱圆型温室类似，后墙改为砖墙，钢管或钢筋做拱架，温室后部有一排立柱。结构坚固，光照充足，作业方便，保温、采光性好，是目前北方地区生产上使用较多的日光温室类型，建造费用比较高。

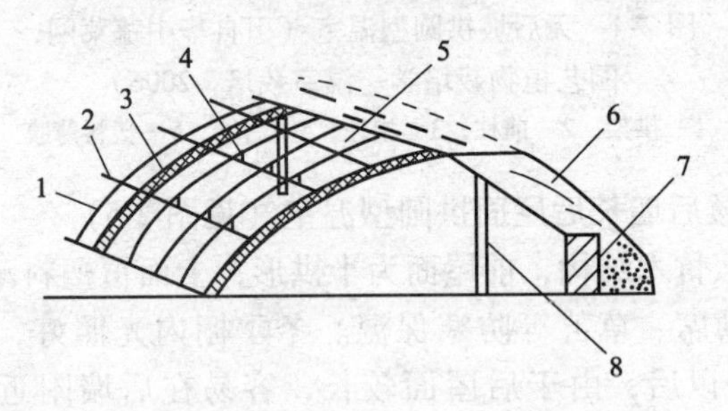

图 2-6　钢竹混合结构温室（引自华中蔬菜网，园艺植物栽培学—温室栽培，2006）

1—竹拱架；2—横梁；3—钢筋桁架；4—吊柱；5—塑料薄膜；6—后屋面；7—后墙；8—立柱

(5) 琴弦式日光温室（见图 2-7）

又称一坡一立式温室。棚内空间大，光照充足，保温性能好，且投资少，操作便利，效益高，是一种比较传统的日光温室类型。

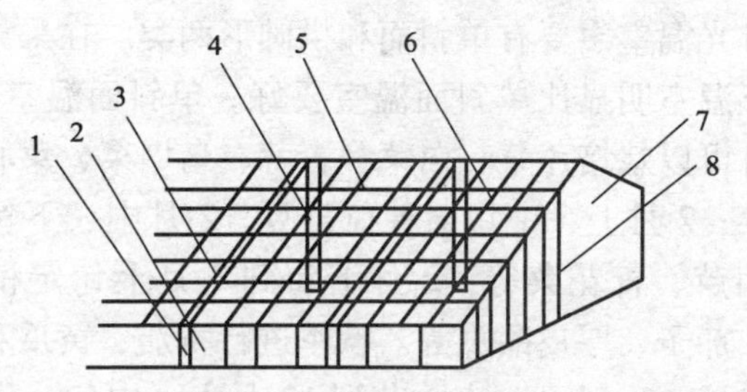

图 2-7　琴弦式日光温室（引自华中蔬菜网，园艺植物栽培学—温室栽培，2006）

1—前立柱；2—前立窗；3—钢管桁架；4—中柱；5—横拉 8 号铁丝；6—竹拱架；7—山墙；8—山墙外的铁丝

(6) 钢拱架拱圆型温室（见图 2-8）

后墙为双层空心砖墙，后屋面多为空心预制板，上面铺一层炉渣。拱架用钢管和圆钢焊接而成。拱架间距 80cm，拱架间用纵向拉杆固定。室内光照均匀，增温快，保温性能好，操作方便，冬季可进行各种园艺植物育苗及高效生产，是一种结构比较合理、性能良好的新型日光温室。虽然建造费用较高，但温室的使用寿命明显延长。

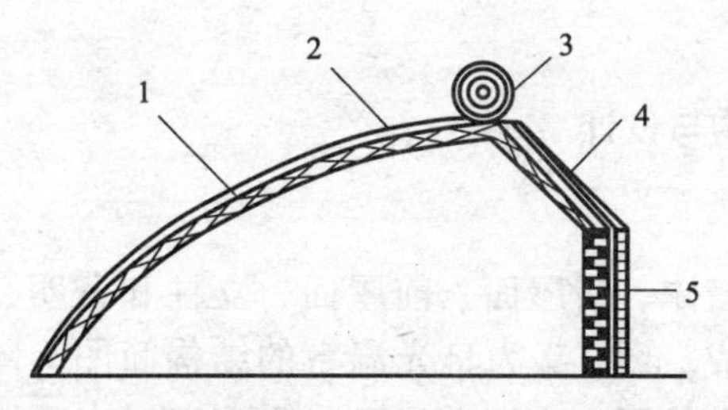

图 2-8　钢拱架拱圆型温室（引自邹志荣主编《园艺设施学》，北京：中国农业出版社，2002）

1—钢拱架；2—塑料薄膜；3—保温被；4—后屋面；5—后墙

2. 用途

(1) 普通型日光温室（春暖棚）

主要用于蔬菜的春早熟栽培和秋延后栽培，也可用于冬季蔬菜育苗。

普通日光温室主要有单斜面和拱圆形两类。在采光和保温性能上，拱形温室明显比单斜面温室要好。单斜面温室于12月到第2年3月可以栽培芹菜、白菜、青蒜、乌塌菜、菜心、苦苣等耐寒性蔬菜；2月上、中旬播种荷兰豆，2月中、下旬定植早熟甘蓝、西葫芦、青花菜等，2月下旬到3月上旬定植番茄、青椒、黄瓜、茄子、厚皮甜瓜等。秋季进行番茄、黄瓜和多种蔬菜的秋延后栽培，一般可一直收获到12月上、中旬。拱圆形温室的栽培茬口可以参考单斜面温室的安排，但进行越冬栽培时仍然需要选择耐寒性蔬菜，只是作物的生长速度明显比在单斜面温室中快，而且产量也高。

(2) 节能型日光温室（冬暖棚）

越冬茬栽培是节能型日光温室的主要茬口，也是栽培效益较高的茬口。这一茬主要栽培喜温性果菜类蔬菜，包括黄瓜、西葫芦、番茄、青椒、茄子等，也可以生产越冬香椿与草莓，香椿一般可于春节前60天定植，还可进行荷兰豆、苦瓜、落葵等的越冬栽培。其他栽培方式还有厚皮甜瓜、节瓜（小冬瓜）的冬春茬与秋冬茬栽培，以及芽苗菜的秋、冬、春季生产。

二、结构与设计

1. 结构

主要由墙体、后屋面、前屋面、立柱和透明、不透明保温覆盖物等组成。图2-9为日光温室的结构简图，图2－10为日光温室剖面结构图。由于普通型日光温室（春暖棚）与节能型日光温室（冬暖棚）的基本结构是相似的，只是具体的建造设计参数有差别，所以在这里一起说明。

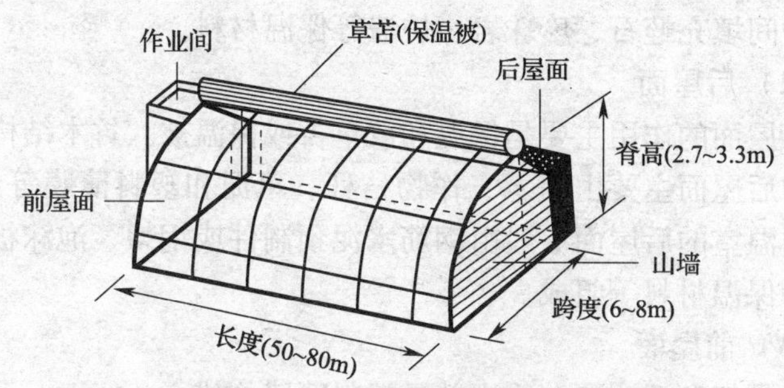

图 2-9　日光温室结构简图（参考华中蔬菜网，园艺植物栽培学—温室栽培，2006）

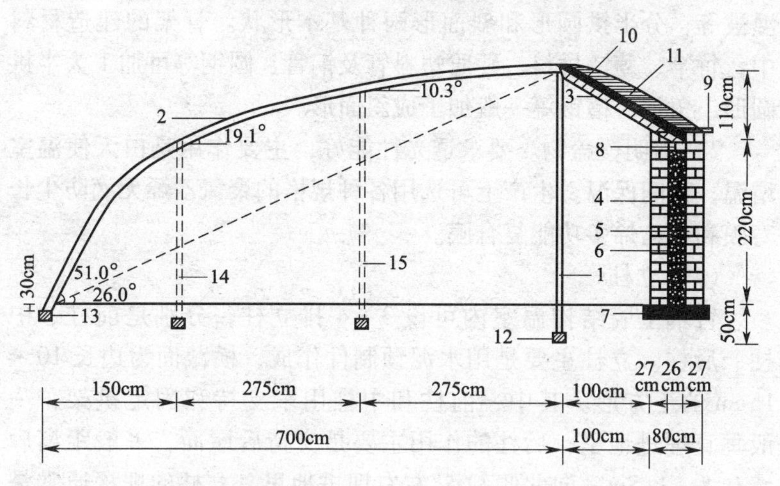

图 2-10　日光温室剖面结构图（山东省 SD—Ⅱ型，引自山东农业大学主编《蔬菜栽培学总论》，北京：中国农业出版社，2000）

1—后柱；2—拱架或拱梁；3—斜梁；4—后墙南墙（土坯砌垒）；5—后墙北墙（砖砌垒）；6—空心或夹心；7—墙基；8—后墙每间砖垛（放斜梁处）；9—檐板（封空心或夹心墙）；10—后盖板；11—保温防水加固层；12—柱基；13—拱梁基础；14—前柱；15—中柱

（1）墙体

包括后墙、东西山墙，建墙的材料有土、草泥、砖石等。泥土墙一般做成下宽上窄的梯形墙，砖石墙一般建成夹心墙或空心墙，中间填充蛭石、珍珠岩、炉渣等保温材料。

（2）后屋面

后屋面的作用主要是保温和放草苫或保温被。竹木结构日光温室的后屋面主要由粗木、作物秸秆、草泥和塑料薄膜等组成。砖石墙温室的后屋面一般由钢筋水泥预制件或钢架、泡沫板、水泥板和保温材料等组成。

（3）前屋面

由骨架和透明覆盖物也就是塑料薄膜构成。

1）骨架。主要用于前屋面造型和支撑塑料薄膜、草苫、保温被等，分半拱圆形和斜面形两种基本形状。骨架的建造材料中，竹竿、菱镁材料、硬质塑料管及钢管、圆钢等可加工为半拱圆形，角钢、槽钢等一般加工成斜面形。

2）透明覆盖物。要求透光性能好，主要作用是白天使温室增温，夜间保温。生产上可选用各种规格的聚氯乙烯无滴防尘长寿膜和聚乙烯多功能复合膜。

（4）立柱

竹木土墙结构温室内可设3～4排立柱，分别是前柱、中柱、后柱。立柱主要是用水泥预制件作成，横截面为边长10～15cm的正方形。其中，前柱和中柱用来支持和固定拱架，一般垂直埋进地里；后柱的作用主要是支持后屋面，一般距离后墙0.8～1.5m、向北倾斜5°左右埋进地里，立柱的埋深通常是40～50cm。钢架结构及管材结构的日光温室内就不再需要设立柱了。

（5）保温覆盖物

指草苫、纸被、无纺布、宽幅薄膜、岩棉被及复合保温被等，主要作用是在秋末、冬季、早春等气温较低的季节加强保温。

2. 设计

（1）设计的基本要求

高效节能型日光温室在结构上因地域气候条件不同而有差

别，但是在设计和建造上都遵循一个原则，就是要与当地的气候条件相适应。设计的基本原则，一是最大限度地透过太阳光，并能吸收利用，优化采光条件，使白天的增温效果能达到作物生长发育的适温需要（不低于适温范围的最小值）；二是加强保温措施，最大限度地保存已获得的太阳能，特别是夜间，要最大限度地保温，保证喜温性蔬菜安全越冬；三是能够比较方便地调节温度、湿度和气体条件，便于操作管理。棚体坚固耐用，棚面能抗当地最大风、雪。

（2）基本规格

1）跨度。指温室南部底脚起到北墙内侧的宽度。适宜的跨度可以保证前屋面有较大的采光角度，作物有较大的生长空间，又便于覆盖保温和选择建筑材料。根据这个原则，在北纬40°以北或冬季严寒极限温度在-20℃（摄氏度）以下地区，应选用6m跨度；北纬40°以南冬季不太严寒地区，应选用7m以上的跨度。

2）高度。指屋脊的高度，也叫顶高、矢高。高度与跨度有一定关系，跨度确定后，增加高度，可增大采光角度，提高采光效果，增加蓄热量，但会增大建造成本和保温难度。改良型日光温室适宜的跨高参考比例为2.2:1~2.8:1，普通日光温室为3:1~4:1。因此，6m跨度的温室高度以2.7~2.8m为宜，7m跨度的温室高度以3.1m为佳。

3）长度。东西山墙间的距离。温室过短，两侧山墙遮阴面大，影响棚内的温度、光照，土地利用率也不高，提高了单位面积造价，栽培效益较差；过长，棚内局部温差大，农事操作和环境调控管理、产品及生产资料运输等都不方便。综合考虑各方面因素，温室长度以50~70m为宜，一般不要短于40m，最长可达80~95m。

（3）前屋面

前屋面指日光温室的采光屋面，其角度和形状直接影响太阳光的入射量，并进一步影响温室的光照条件和增温、保温性能。

采光屋面角度也称前屋面角度，是指前屋面与地平面的夹角，还可以用前屋面斜线角也就是前拱脚和屋脊的连线与地平面的夹角来表示。前屋面斜线角度以保证“冬至”日阳光能完全照射后屋面为最佳，一般用当地的地理纬度减去6°确定。温室角度越大，前屋面与阳光的交角（投射角）越大，透过的光线也越多。

拱圆型日光温室的前屋面最好设计成中部坡度较大的圆面形、抛物面形以及圆——抛物面组合型屋面。主要采光区段与地面夹角等于或大于当地地理纬度减去6.5°。抗载能力1 000N/m²。距温室前底脚1m处的垂直高度在1.6~1.7m。

（4）后屋面

指日光温室的保温屋面，有些地区也叫后坡、后屋顶，是卷放草苫、保温被的作业道，同时起隔热保温的作用。后屋面的建筑材料有两大类，一类以钢筋混凝土空心板为主要材料，坚固耐用，施工规范，但保温效果较差；一类以玉米秸、高粱秸、芦苇、稻草等秸草做主要材料，总厚度可达到60~80cm，成本低，保温效果好，比空心板实用。仰角比当地“冬至”日正午时太阳高度角大10°左右。材料应以蓄热保温好的材料为主，封闭要严实，如以秸秆和柴草为主时，底铺和外覆的总厚度应达到当地最大冻土层厚度的2/3~4/5。

后墙矮，后屋面的仰角大，保温比大，“冬至”前后阳光能够照到后坡内表面，对保温有利，但室内外作业不方便；后墙高，后屋面仰角小，保温比小，保温性降低，但农事操作便利。屋顶过厚，屋架的负荷过大，容易塌陷。为了减轻屋顶重量，水泥屋顶的夹层应填充质地较轻的珍珠岩、蛭石等；泥草屋顶的草泥层要薄，并且要覆盖薄膜防水渗入。后屋面仰角要等于或稍微大于当地冬至时的太阳高度角，而某一地区的太阳高度角可以用66°减去当地的地理纬度算出。综合考虑各方面因素，后墙高以1.6~1.8m、后屋面保温层厚度以40~50cm为宜。增加后屋面长度，能提高夜间保温效果，但影响白天采光。而适当缩短后屋面，能提高白天的增温效果，可在一定程度上弥补夜间棚内热量的损失。因此，后屋面适合的地面投影长度是北纬40°以南地区为1～1.2m，北纬40°以北地区可取1.3～1.4m。

（5）墙体

日光温室的墙体包括后墙和东西两侧山墙。墙体的主要作用，一是承受后坡、前坡的重量以及其他各种压力；二是必须具备足够的保温蓄热能力。单一结构墙体很难满足这样的技术要求，而异质复合多功能墙体结构则能很好地满足对承重和保温蓄热的需要。作为墙体建筑材料，首先要具备一定的强度，然后再考虑其他功能。内墙作为载热体，应选用蓄热系数较大的建材，既能促进白天吸热，又有利于夜间放热，从而延缓室温的下降。外墙作为隔热体，应选用导热系数小的建材，可以阻止室内热量向外传导。所以，有条件的地区可采用石头内墙、粉煤灰制成的空心砖外墙；也可以采用石头内墙、砖外墙，中间填上蛭石、珍珠岩或炉渣，建成夹心墙或空心墙。为了降低建造成本，还可以就地取材，采用板打土墙或草泥垛墙，成本低，保温性好，只要注意防止水侵蚀墙体即可。

砖墙厚度在0.8m以上。泥、土墙建成下宽上窄的梯形墙，一般下宽1.2～1.5m，上宽1～1.2m。后墙高1.5～3m，东西两侧山墙的后高同后墙高，前高1m左右，脊高（最高处）2.5～3.8m。通常墙体厚度与当地冻土层最大厚度接近。

（6）方位

坐北朝南，东西延长。

（7）通风口

日光温室以自然通风为主。通风口主要设在前屋面，分布在上部、背部、下部3个位置，面积比较大的温室也可以在后墙的中上部距地面1m处，建50cm×50cm见方的通风换气窗作为背部通风口，以备高温季节通风换气用。一般通风口面积冬季占前屋面表面积的5%～10%，春秋季扩大到10%～15%。

一般上部通风口（即顶风口），设在温室最高处即屋脊上，可用放风筒或扒缝放风，排出热空气；背部通风口设在后墙上离地面1～1.5m的高处，主要起进气口作用，如果设置太高，会降低通风效果；下部通风口也就是底风口，是从温室前坡底角处向上扒开棚膜通风。一般当室外最低夜温达到15℃以上，昼夜都需要通风时开始使用。通风口主要为扒缝式结构，分为手扒式、手拉式、电动式三种。手扒式不方便，危险；手拉式是用滑轮和细绳等在棚内开关通风口，操作方便。电动式是用电代替手工操作，主要用于钢架结构温室。

为提高通风质量，北京农业科学院蔬菜中心研制出了一种日光温室卷膜通风系统，主要由卷膜器、卷膜轴、固定卡、压膜槽片几部分组成。使用时，将薄膜的上端用压膜槽和压膜卡固定，薄膜的下端用塑料固定卡固定在卷膜轴上，卷膜轴的一端与卷膜器连接，摇动卷膜器，带动卷膜轴就可使薄膜卷起或放下，使用方便，经济条件允许时可以选择。

（8）防寒沟

在日光温室前屋面拱角约10cm以外的地方挖宽、深都是50cm的防寒沟，沟内填满碎草、玉米秸、麦秸、泡沫材料等保温隔热材料，上面盖塑料薄膜，再压上干土，能阻止棚内土壤中的热量传到棚外。

（9）覆盖材料的选择、使用

1）透明覆盖材料。塑料薄膜作为棚室的透明覆盖材料，应同时具有透光好、保温好、耐用和无滴等特性。经济条件允许的话，可以选用保温性强的聚氯乙烯耐老化无滴膜，高透光、耐老化、保温、流滴性好的乙烯-醋酸乙烯（EVA）复合膜，或者聚乙烯多功能膜等。表2-5为常用各种塑料薄膜的性能比较，表2-6为常用农用塑料薄膜的主要规格及参考价格，可供选择薄膜时参考。

常用农用塑料薄膜特点比较　　表2-5

薄膜种类	特　点
聚乙烯（PE）普通膜	透光好，不易吸尘，耐酸、碱。保温性、可塑性较差，表面易附着水滴，不耐高温，使用寿命短，连续使用仅4~6个月

续表

薄膜种类	特　点
聚乙烯长寿（PE）膜	除了具有普通聚乙烯膜的优点外，其使用寿命延长，可连续使用1~2年
PE长寿无滴膜	除了具有聚乙烯长寿膜的优点外，还不易产生水滴，改善了透光性
PE多功能膜	长寿、保温、无滴
PE漫反射膜	可将太阳直射光转为散射光，防止强光使棚内温度过高。保温性好
PE调光膜	可将紫外光转为红光或红外光，提高棚内温度，适合低温季节使用
聚氯乙烯（PVC）普通膜	抗老化，弹性好，保温、增温效果好，但易吸尘
聚氯乙烯（PVC）无滴膜	保温性好，较耐高温、强光，也较耐老化，可塑性强，不易形成水滴
PVC多功能长寿膜	无滴、耐老化、保温、不易吸尘等
乙烯-醋酸乙烯（EVA）复合膜	有效使用期12~18个月，防雾滴持效期3~4个月，并有保温防病等功能

塑料拱棚与日光温室的热源来自太阳辐射，除了白天的光能和热量外，夜间热量也主要依靠白天积蓄的太阳辐射。作为采光屋面透明覆盖材料的塑料薄膜，其种类的不同和质量的优劣直接影响棚室的采光性能、保温性能和生产性能，因此，正确选择和使用性能优良、质量可靠的塑料薄膜对棚室生产至关重要。棚膜的选择可参考以下几方面要求：

① 根据栽培季节选择。一般大、中拱棚蔬菜栽培在早春和秋末进行，生产季节短，对塑料薄膜要求不严，可以选用无色或有色普通聚乙烯多功能复合膜（厚度0.08~0.12mm）或无滴膜。由于日光温室主要用来进行蔬菜越冬茬或低温期长季节栽培，所以，必须选用防雾、保温、抗老化、无滴、防尘、可塑性强的深蓝色或紫色聚氯乙烯（PVC）或EVA长寿膜，厚度应在0.12~0.14mm，也可以选用深蓝色或紫色聚乙烯（PE）多功能复合膜，可以降低生产成本。

② 根据设施类型选择。生产上，日光温室和塑料大拱棚的使用时间比较长，经常用于蔬菜的长季节栽培，所以要尽量选用耐老化的长寿膜；中、小拱棚的使用时间则相对比较短，特别是小型拱棚，为了降低生产成本，一般选用普通的 PE 膜或比较薄的 PE 无滴膜。

③ 根据作物种类选择。一般黄瓜及辣椒种植可选用 PVC 膜，茄子、甜瓜、西瓜、西葫芦、番茄、各类叶菜及果树可选用 EVA 膜。另外可以根据生产条件和栽培种类选用适合于各种作物的专用膜。

常用农用塑料薄膜规格及价格 **表 2-6**

种　类	厚度（mm）	宽度（m）	价格（元/kg）
聚乙烯（PE）普通膜	0.06～0.12	1.5，2.0，3.0，3.5，4.0，5.0	9.00～12.00
聚乙烯（PE）长寿膜	0.10～0.12	1.0，1.5，2.0，3.0	13.00～16.00
聚氯乙烯（PVC）普通膜	0.08～0.12	1.0，2.0，3.0	13.00～16.00
聚氯乙烯（PVC）多功能膜	0.06～0.08	1.0，1.5，2.0，4.0，8.0	13.00～18.00
乙烯－醋酸乙烯（EVA）复合膜	0.08～0.10	2.0，4.0，8.0，10.0	15.00～20.00

注：表中价格仅供参考。各种塑料薄膜的价格因年份、月份而浮动变化。

④ 根据病害发生情况选择。已经使用了几年的棚室病害往往比较重，应当选用有色无滴膜，可以降低棚室内的空气湿度，减轻病害发生。新建的棚室内病菌还比较少，发病也较轻，可以根据栽培的蔬菜种类、发病情况、生产条件等灵活选用薄膜。

⑤ 选用质量稳定可靠、信誉良好的厂家生产的棚膜。

⑥ 从信誉良好的经销商处购买棚膜。经销商应有明确的经营地点，“三证齐全”。

2）保温覆盖材料

夜间在前屋面透明覆盖材料上需要再覆盖一层不透明的保温材料，可以减少棚内热量的损失。下面介绍几种保温覆盖材料的特点。

① 草苫。有稻草苫和蒲草苫两种，稻草苫使用比较普遍。草苫厚度一般在3cm以上，幅宽1.2~2.0m，要求打得紧密，以保证良好的保温效果。用草苫做保温覆盖，优点是成本低、保温性好，但缺点是使用寿命不长，只有3年左右，而且体积大，揭、盖、收藏等都不方便，还容易被雨雪淋湿，影响保温性能。蒲草苫的保温效果相对要差一些。

② 纸被。用4~6层牛皮纸缝合而成，体积较小，收存轻便，但容易吸水受潮和破碎，主要用来作为辅助保温材料，可以与草苫配合，覆盖在草苫下面加强保温。由于纸被本身隔热性好，加上中间又有多层空气间隔，隔热保温效果较好。如果在纸被外面罩上一层塑料薄膜或无纺布，就可以避免雨雪淋湿，延长使用寿命，进一步提高保温效果。

③ 无纺布也叫不织布。用涤纶长丝、丙烯等材料加工而成的化纤布，重量轻，气密性好，保温性能优良，可连续使用3年以上，但成本较高。主要也是作为辅助保温材料与草苫配合使用，可以有效提高温室的保温性能。

④ 宽幅塑料薄膜。作为辅助保温材料使用，可以选新买的宽幅膜，也可以充分利用旧棚膜覆盖在草苫上面，既能加强保温，又能避免草苫淋雨雪，起到综合改善保温效果的作用。这种保温覆盖模式经济实用。

⑤ 保温被。目前主要包括岩棉被、复合保温被、针刺毡保温被、腈纶棉保温被、保温棉毡保温被、泡沫保温被等，是近几年研制使用的新型保温覆盖材料，由岩棉和其他多种具有不同功能的保温材料缝制而成，结实耐用，具有一定的保温、防水性能，也比较轻便，适合机械自动卷放揭盖，可以代替草苫，但成本较高，防风、防水、防寒保温等性能也不稳定。

（10）农用反光幕

为解决日光温室栽培床北部光照弱、温度低，植株长势弱，产量低等突出问题，可以在后墙附近张挂农用反光幕，改善温室后部的光照条件。农用反光幕为复合聚酯镀铝膜，利用其光亮镜面可将射入室内后部的太阳光线反射到植株与近地表，从而改善室内的温光条件，促进作物生长。

(11) 进出口

在日光温室一头建立一个作业间作为进出口，既方便管理，也可以当作缓冲间，减少进出温室对室内温度的影响。寒冷季节应注意作业间的防寒保温，防止冷空气进入温室。同时，通向温室的门里侧应设1个40cm高的围裙，以免降低室温。

(12) 内保温装置和辅助加温装置

节能型日光温室抗低温冻害等灾害性天气的能力有限，所以，适当增设内保温装置和辅助加温装置是非常必要的。如可以在室内悬挂膜帘，进行双层覆盖保温。也可以利用火炉、烟道加温，还可以充分利用太阳能进行土壤和夜间加温，提高冬季生产的安全性。在地热资源丰富以及有工业余热的地区，也可以充分利用这些宝贵的热源，在室内设置必要的补充加温设施，对改善日光温室的保温性能很有帮助。

三、建造与施工

1. 土墙、竹木结构日光温室

(1) 整平地面，画线。使用水平仪测量地面，并按标准高度整平地面。按平面设计图，用白灰在整平的地面上画出温室的四条边及墙体的平面图。温室的四角要成直角，可用“勾股定理”原理来确定，即在后墙线量8m定好点，山墙线6m定一点，两点间的距离为10m，就是直角。

(2) 墙体施工。温室土墙有许多种，可根据当地土质和习惯选用。土墙厚度，以当地最大冻土层厚度为准，比冻土层厚度再加厚20cm。

墙体用土堆或草泥垒成，其中以土堆的居多，应根据土质而定。后墙堆好后还要进行处理，以减小其内坡度，避免因坡度太大而增大后屋面宽度。墙体用土为温室内下卧的40cm部分，建墙体前先把20cm深的有效耕层土移到温室前沿外侧，待完成墙体后再填回室内。建完后墙高1.7～1.8m，温室门要留在距离道路较近的山墙上，同时，为防止冷空气直接进入室内，门外要建一缓冲间。

要在当地主要雨季后施工，还应该在上后坡前给泥墙留至少20天以上的风干时间，避免上后坡时被压塌。土墙要夯实夯紧，最好用推土机压土成墙。草泥墙要分层打墙，逐层风干、硬实，每次打墙高度不超过50cm。打墙用泥、土的干湿要适宜，泥以脚踩不粘脚为适宜，土应以手握成团，落地松散为适宜。

（3）埋立柱。按平面设计图要求画好挖坑点。后立柱是大棚重量的主要支撑物。因此，埋设后立柱时必须严格按要求进行。后立柱东西间隔距离1.8m，后立柱距离后墙1m；中柱、前立柱东西间距3.6m；中立柱距后立柱3m；离中柱向南3.0m，埋前立柱。埋立柱前，先把上端锯成“V”形槽，槽内钻眼，以便固定拱杆。所有后立柱埋入地下50cm，前柱和中柱埋入40cm，下端垫上基石，以免受压下沉。将坑底填入砖石，夯实后放入立柱。后排立柱应向后倾斜5°～8°埋入地里，其他立柱垂直埋入地里。前排立柱埋好后，还应在每根立柱的前面斜埋一根顶柱，防止前柱受力后向前倾斜。东西方向各排立柱的地上高度要一致，立柱埋好后，其地表上的高度为：前立柱0.9m，中立柱2.3m，后立柱2.8m。

（4）后屋面施工。选质地较硬、径粗10cm、长2.5m的圆木如槐木或专用钢筋水泥预制柱作横梁，长度至少要达后墙宽的一半。东西每隔0.5m摆放，横梁的一端架到后立柱上，用粗铁丝固定，并在后墙顶挖浅槽将另一端放入浅槽内。按要求调整好粗木的倾斜角后，用土埋住。在横梁上东西向拉粗铁丝或专用钢丝，最上一道拉双股，其余拉单股，上、下铁丝间距5～10cm。用紧丝机拉紧铁丝并将铁丝固定在横梁上，防止上下滑动，铁丝的两端固定到预埋的地锚上。取一幅宽为后屋面宽2倍以上的新薄膜或无漏洞的旧膜，铺到铁丝上。薄膜的上边余出50cm以上的宽度，下边压到墙上。在薄膜上铺放绑好的秸秆捆。秸秆捆要排紧，上端排齐。最后，将上面余出的薄膜翻下，从上面盖住秸秆，并上泥压住。

(5) 前屋面施工。将加工好的细端径粗8cm以上的毛竹粗头朝上，从后向前依次固定到每列立柱顶端的"V"形槽内，并用粗铁丝绑牢固。固定好后，前面长出部分锯掉。这样拱杆略带弧形，有利于采光。在固定好粗竹竿或钢管后，按25cm左右间距在粗竹竿或钢管上东西向拉专用钢丝，钢丝的两端固定到温室外预埋的地锚上。钢丝与粗竹竿交接处用粗铁丝固定紧，避免钢丝上下滑动。最后，在铁丝上按60cm间距固定加工好的细竹竿。

选无风或微风天扣膜。扒缝式通风口温室，主要有双膜法和三膜法两种扣膜方法。双膜法扣膜后只留有上部通风口，下部通风口一般采取揭膜法代替。三膜法扣膜后，留有上、下两个通风口，下部通风口的位置比较高，可避免"扫地风"危害。扣膜时，上幅膜的下边压住下幅膜的上边，压幅宽不少于20cm。

不管采取哪一种扣膜法，叠压处上、下两幅薄膜的膜边均应粘成裙筒。下幅膜的裙筒内穿粗铁丝或钢丝，并用细铁丝固定到前屋面的拱架或钢丝上，防止膜边下滑。上幅膜的裙筒内要穿钢丝，利用钢丝的弹性，拉直膜边，使通风口关闭时合盖严实。

扣膜后，立即上压膜线或竹竿压住薄膜。

(6) 挖防寒沟。在温室前沿地锚外挖深、宽各50cm的沟，沟底和四周铺上旧薄膜，然后装满乱稻草或玉米秆等，能有效阻止室内地温水平外传，防止前沿作物受低温伤害，可提高前沿地温2~3℃。

2. 砖墙、钢架结构日光温室

(1) 土建方面。先砌主体墙，后砌前沿暗墙，如果安装卷被机，要等钢架与预埋件交叉连接整体焊接完工后，再焊卷被机的立柱，防止通心轴误差加大。在施工过程中，注意主体工程基础设施的布局，一般要求：基础设施先行，主体工程后建。

（2）土建施工方法。温室基础用毛石或烧结普通砖，毛石槽下水沉砂；毛石用 M5.0 水泥砂浆砌成，然后再浇混凝土地梁；地梁配筋可直接在毛石或砖基础上扎钢筋骨架，纵筋用直径 12mm 的热轧光圆钢筋 12 根，箍筋用直径 6mm 热轧圆盘条，每 200mm 扎一道，地梁长度根据温室长度定，宽 0.8m，高 0.24m；地梁混凝土强度等级为 C20。

在混凝土浇灌前，应对模板、钢筋尺寸进行检查，并清除杂物，将模板浇湿润，分层浇灌。振捣采用人工捣实。要求浇捣密实，无蜂窝麻面。浇捣完毕，上部混凝土表面应抹光。墙顶圈梁与地梁施工方法相同，但宽度为 0.74m，施工时按等距 1m 下预埋件。

砌砖。先将砖用水浸湿，在地梁上砌空心墙，空心墙从第一块砖开始，在东西向每隔 3m 远砌一个连接垛，垛宽、厚均为 24cm，垛内放拉筋，南北山墙的连接垛要从底梁砌起，砌至墙的最高点。空心墙要采取“三一”砌法，即一层砂浆，三面刮浆，水泥砂浆要饱满，砂浆强度等级为 M5.0，内外砖缝采用 1∶2 砂浆勾严抹平。

温室主墙体每隔 50m 留一道伸缩缝，防止冻涨。

（3）钢架的施工方法。温室选用钢材应符合国家标准。

钢筋拱架，上弦多采用直径 14 ~ 16mm，下弦直径 12 ~ 14mm，拉花直径 10mm，拱架间距 1 ~ 1.2m，拱架间采用三道纵向水平支撑，支撑采用直径 10mm 钢筋。钢架各焊接点的焊口要饱满、平滑、不出铁刺铁碴。

钢管骨架是用 4cm 或 6cm 钢管作拱杆，每隔 3 道拱杆设一道桁架，桁架上弦为直径 6cm 的钢管，下弦为直径 14mm 的钢筋，拉花直径 10 ~ 12mm，纵向拉梁和小立柱与钢筋桁架相同。下弦与水平梁焊接处，焊口要长出 5cm；上弦与水平梁焊接处，要将角钢上角切平，不出支角。

桁架除上下2点与预埋件焊接外，桁架与桁架之间要设3道水平拉筋，确保桁架整体受力均匀不变形；焊制桁架的模具一定按桁架设计的参数，严格操作。

(4) 后屋面的施工方法。

1) 钢架结构后屋面。建造后屋面时，先在后墙前80cm处沿东西方向每相隔2～3m远埋设一根钢筋混凝土水泥支柱，水泥柱顶端要高于所处位置的后屋底面3～5cm，再在后墙与水泥柱上面，按后屋面的角度与宽度架设模板，然后在模板上面铺设直径为6mm的螺纹钢，并编制成15cm×15cm的钢筋网，然后用C40混凝土（1份水泥∶1份细砂∶3份石子∶0.4份水）灌浆振实，厚度7～8cm。灌制混凝土的同时，要预埋直径为8mm的钢筋，东西向间隔80cm埋一个，位置在离后屋面顶部边缘25cm处，呈半圆形（直径3cm）露出混凝土之外，用来拴系压膜线。等混凝土完全凝固结实，再在离后墙顶部外沿80cm处，沿东西方向砌一高40cm、厚12cm的砖墙，墙南边的坡面上，覆盖一层细干土，其厚度与墙平，整平土面。

2) 砖木结构后屋面。首先在斜梁上面等距离铺设4cm×6cm的木楞条，在条上钉扒板；扒板选材以落叶松为宜，长2.1m，宽20cm，厚3cm。扒板上先铺一层油毡，然后把事先拌好的三合土，摊平拍实，铺平后用水泥浆灌注成为一个整体；在房顶做防水之前先在三合土上面放一层5cm厚的苯板，防水采用三油两毡处理。房檐应封闭，三合土层不应外露，檐角为斜线，与钢架上弦成一斜线。

第三节　棚室建造场地的选择、布局要求

一、场地选择

在选择棚室建造场地时，应当全面考虑，不但要求所选场地对蔬菜的生长发育有利，还要求棚室建成后环境调控要方便，同

时要求水利、电源和交通条件也很方便，以满足蔬菜生长、管理、产品和农用物资运输的需要。最好选择近年内没有种过蔬菜和瓜类作物的地块。以下是对建造场地的具体要求：

1. 光照条件

塑料拱棚和日光温室应建在避风向阳、光照充足、地势比较平的场地上，如果场地北高南低，有 8°～10°的小坡度更好。北面可有高度适合的挡风建筑物，但南、东、西三面不能有建筑物或高大的树木，如果有，就要在离开建筑物或树木高度两倍左右距离以外建造棚室，否则，冬春季节造成的阴影会人为减少日照时间，影响作物的正常生长。

2. 位置条件

可建在村庄南面，但不适合与住宅混建。如果有地热资源，应充分利用。同时还应注意建棚的场地离公路要比较近，这样可以方便蔬菜产品以及建棚材料、塑料薄膜、肥料等物资的运输。

3. 土壤条件

最好选择耕作层较深、疏松透气、肥沃、保肥保水的壤土地块建造棚室，而且要求前茬 3～5 年没有种过茄果类、瓜类等蔬菜作物，以减少病虫害的发生。同时要求地下水位低，容易排水。所以，低洼地块不适合建造塑料拱棚和日光温室。

4. 水利、电源条件

有条件的话，棚室内最好采用滴灌、渗灌等灌溉方式。所以，建造棚室的场地要有充足的水源，以深水井为最好，水温较高，对保持地温以及作物根系生长有利。由于棚室内的灌水、照明补光、电动机械卷帘都要用电，因此，建棚的地方应该有电源。

二、棚室布局

当建造的塑料拱棚和日光温室数量较多时，可以在建造场地确定后，根据地形情况进行总体规划布局，集中建造，实现规模化生产。

具体的棚室布局，应根据生产的需要、棚室的类型，可以同一种类型集中建造，也可以不同类型搭配建造。不管哪一种布局方式，都必须满足作物生长的基本需求。下面简要介绍棚室建造规划布局的方法。

1. 棚室排列方式

拱圆形大、中型拱棚多数建成东西宽、南北延长的方位，将东西长的路作为主路，两侧各建一排拱棚，灌溉水渠与主路平行。日光温室则是建成南北宽、东西延长的方位，将南北长的路作为主路，两侧各建一排温室。路两边的棚室可以对称排列，通风条件好，但保温效果较差；也可交错排列，有利于低温期挡风、保温，但通风效果不好。布局时可参考图 2－11。说明：如果棚室为南北延长，则主路为东西方向；如果棚室为东西延长，则主路为南北方向。

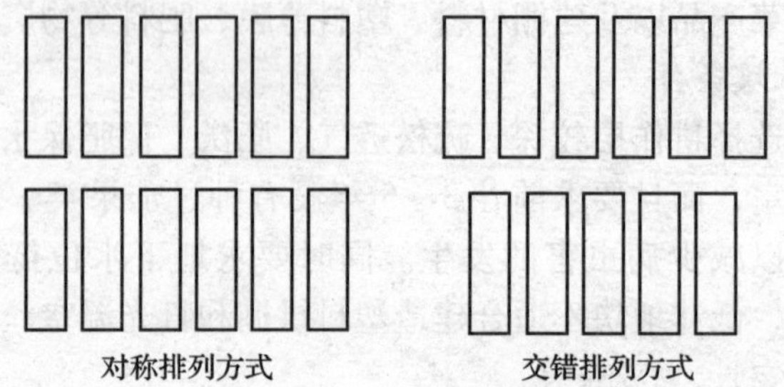

图 2-11　棚室排列方式（引自韩世栋主编《蔬菜栽培》，北京：中国农业出版社，2001）

2. 棚室间距

建造塑料拱棚一般要求棚与棚的东西间距为 2m 左右，南北两排间距在 4m 以上。日光温室南北间距最小为 8m，如果扩大到 14～16m，不但对温室采光有利，春季还可以在南北两排温室之间建造中拱棚或小拱棚，温室的挡风作用对改善中、小拱棚的保温性能以及棚室群内的小气候条件有明显效应。小拱棚高度较低，相互遮光少，一般对间距不作严格要求，以方便管理为准。

3. 棚室间的搭配

不同类型的设施结构与性能不同，如果相互间合理搭配，可以充分利用不同设施的性能特点，进行多种蔬菜的生产，有利于降低成本。而栽培设施与育苗设施间的配套设置，对保证蔬菜生产也有重要意义。各种设施进行搭配建造时，日光温室应建在最北面，从北向南的顺序为塑料大、中拱棚或改良阳畦（包括阳畦、风障畦）、小拱棚等。育苗设施应尽量靠近栽培设施或栽培地块。

第四节 棚室使用、维护与环境调控

一、棚室覆盖材料与骨架的使用与维护

1. 覆盖材料的使用与维护

(1) 塑料薄膜的使用维护

1) 上膜前的准备。粘结及上膜时要注意膜面正反。薄膜上印有内外标志，印字面向外；无内外标志的薄膜，卷筒内侧朝向室内，卷筒外侧朝向室外。棚膜缝合处膜边一定要各加一条强度大的拉筋作“腰带”。方法是：把作拉筋用的压膜线或尼龙绳夹在膜内，用电熨斗或烙铁烫接棚膜。上膜后把绳两端固定，根据棚体长度每间隔 5 ~ 10m 固定一下。上膜时焊缝处下侧薄膜朝向温室内，上侧薄膜朝向温室外，以防止膜面内侧水滴在焊缝处聚集而滴到棚内作物上。

棚膜粘结后的幅宽，7m 跨度温室为 8.5 ~ 8.6m，8m 跨度温室为 9.5 ~ 9.6m。PVC 膜焊接温度约为 130℃，PE 膜及 EVA 膜约为 110℃。焊缝宽度 3 ~ 4cm，焊接时两块薄膜的边都要焊牢、焊平整，严防留出“耳朵”。

准备好上膜工具。上膜前，竹木骨架材料一定要削光磨平，除去毛刺，保证表面光滑；钢骨架要进行防锈处理，最好采用热镀锌或涂刷银粉的方法，不要在骨架上涂刷油漆或缠绕废旧薄

膜，以防薄膜固化而撕裂。另外，拱杆上不宜用草绳之类的缠绕物缠绕，以免影响流滴性。棚膜在粘结、上棚等操作过程中要轻拉轻放，轻揭轻盖，避免被刺破或划破。

2）扣膜。应选在晴天无风的中午进行。上膜时，温室顶部留出1～1.3m长用于放风，下部留30～50cm长以便埋土。注意膜面要绷紧绷平，上下压严实后方可用压膜竿或专用压膜线压紧棚膜。50cm一根压膜线，每间隔3m用一根铁丝作压膜线，并用紧线机拉紧。固定压膜线最好用共用地锚，具体方法是：每隔2m埋一个拧有铁丝的砖头，深度为50cm左右。铁丝头拧成圆圈露在地表。埋好后，用一根12号铁丝将各个地锚串起来拧紧，每根压膜线都可系到铁丝上。

3）随着季节和气温的变化，塑料薄膜会自然老化。塑料薄膜张得太紧，会影响它的使用寿命；如果张得过松，除了影响使用寿命外（水、风可造成局部受力），还会影响棚室的正常采光，并进一步影响棚室内的温度和作物的生长。薄膜在使用一定时间或大风过后，由于老化和各种压力的作用会拉长，需要重新装卡，以保证薄膜张紧，这项工作最好在春、秋季节无风天进行。大雪、大风等恶劣天气过后应及时检查，重点部位是卡具附近、横梁上连接件与薄膜接触部位等。支架要牢固，与薄膜接触的地方应光滑。

4）塑料薄膜很脆弱，而棚室骨架固定多用铁丝、铝丝等尖硬的材料，很容易将薄膜戳破。所以，扎架时尽量用麻绳等软材料，不用或少用铁丝、铝丝等硬材料。在棚室使用过程中，不要用尖锐物在棚膜上碰撞，不能用硬物或树枝钩挂，以免划破棚膜。如果薄膜出现破损，应及时修补，下面介绍几种修补方法。

透明胶纸或专用补膜胶布修补。修补时，先将修补部位擦拭干净，再剪下大小适宜的修补胶带粘贴上去，抚平压实。

专用胶粘剂修补。聚氯乙烯膜可用环丙酮粘补，具体方法：先将少量新PVC膜剪碎，放在环丙酮中，使薄膜溶解成稀糊状，然后擦净待粘的膜面，分别涂抹修补剂，稍干后用力压在一起。

聚乙烯膜及醋酸乙烯膜用 XY－404 胶粘剂，方法同前。

电熨斗修补。具体方法：剪一块与破损处大小相当的相同质地的塑料薄膜，用光滑、平整的木板垫底，表面盖一块牛皮纸，将电熨斗加热到 100～150℃之间，来回熨烫。

也可以采用下面几种临时性简易修补法：

水补：把破损处擦洗干净，剪一块比破损处稍大的薄膜，蘸上水贴在破洞上，排净两膜间的空气，按平。

纸补：农膜破损的程度比较轻时，用纸片蘸水后趁湿贴在破损处，一般可维持 10 天左右。

糊补：用白面加水做糨糊，再加入相当于干面粉重量 1/3 的红糖，稍微加热后使用。

缝补：质地较厚的薄膜发生破损，可用质地相同的薄膜覆盖在上面，用细线密缝连接。

5）在冬季大风的袭击下棚膜最容易被吹破。经常刮大风的地区，可以在迎风一面设立简易风障减轻危害。上膜后要细心管理，隔 3～5 天要紧一次压膜线，有破洞要及时粘补。为了解决放风调温与刮风吹膜的矛盾，可间隔 3～5m 放一草苫压膜。傍晚起风时，应将草苫一个压一个与风向一致盖好，用石块压紧。如果晚上风很大，人最好不要离开，及时修补破膜。遇到大雪天气，雪后要用木制或塑料制工具清除棚室顶部及侧面的积雪。

6）钢架棚室所用的钢管夏天经太阳曝晒后，温度可上升到 60～70℃，从而加速了薄膜的老化和破碎，所以，清明后生产结束，应及时将薄膜小心地从骨架上撤下，用软布和软刷轻轻将其擦洗干净，不要长时间浸泡和揉搓。洗净后，在阴凉通风处扯上绳子，将农膜在绳子上展开，用夹子固定，防止农膜接触地面和滑落，直到晾干为止。晾干过程中，要注意防止风吹刮破薄膜或内湿外干。晾干后储藏前，对薄膜进行一次全面检查，如有破损及时补好。用一根圆滑木棒作轴，把晾好的薄膜铺平捆卷，每卷一层撒一层滑石粉，以防薄膜吸潮粘连，注意捆卷时不要有皱折。

塑料薄膜收藏的方法有两种，一种是放在通风、干燥、避光的地方，这样可以推迟老化，延长使用寿命；另一种是地窖贮藏法。用旧薄膜包裹起来，选择土壤干湿度适中的地方，最好是在一间干燥的空屋内挖一个比薄膜体积大的坑，将坑底垫上砖头防潮湿，然后把包裹好的薄膜放进坑内加盖板，薄膜的上层离地面的距离不应小于30cm。

存放过程中还要注意，一是经常检查，防鼠咬虫蛀或日晒、潮湿等，发现问题及时处理，确保薄膜收藏质量。二是不与化肥、农药等物一起存放，以免化肥、农药的挥发物质与塑料薄膜发生化学反应引起薄膜变质。三是不要让薄膜受到暴晒、烟熏和火烤。四是薄膜上面不要再堆放其他东西，以免重压导致农膜相互粘连。

7）一般棚膜使用2～3年后透光率会下降，棚室栽培效益受到影响，所以需要及时更换。撤下的旧棚膜可用于内保温覆盖或覆盖小棚。覆盖一茬小棚后，一般还可以用于地面覆盖菠菜等越冬蔬菜或作为地膜使用。对不能继续覆盖的废旧薄膜，应集中交废品收购站或有关企业回收利用，防止造成白色污染。买回的棚膜长期不用时应整卷避光保存，温度要低。

（2）保温覆盖材料的使用维护

1）草苫的使用维护。草苫是日光温室的主要保温覆盖物，按要求厚度应在5cm左右，紧密不透风。所以，要选用符合标准的草苫，才能保证良好的保温效果。最好使用1～2年的新草苫，隔苫交叉覆盖。

深冬季节提倡双层覆盖，也就是在草苫上加盖一层0.06mm的普通塑料膜，既可以提高保温性能，又能解决雪天草苫防水问题，也可以用两层草苫加两层薄膜覆盖采光面，进一步提高保温效果。

为了保护草苫，下雪天可不盖草苫，待雪停后扫净棚面上积雪，夜间再盖草苫。

日光温室一般在5月下旬就不需再盖草苫，这时要将草苫收起，对于一些散乱的草苫要重新夹绑好。然后选晴天晾晒3～4天，待其干燥后卷好，于高温、干燥通风处垛藏。垛要用薄膜盖好，以防雨水湿苫霉烂，以后要注意检查，发现受潮发霉要重新晾晒。如果有空闲房屋，将草苫存放在室内更好。

2）保温被的使用维护。目前，保温被主要有两种：

防雨尼龙布做面、铝箔做底。这种保温被一般幅宽3m左右，单位质量1kg/m^2，使用寿命在6年左右。

尼龙布喷胶做面和底，羊毛毡做芯。这种保温被幅宽为1.47m，安装时重叠部分为0.17m，重叠部分用工程塑料按扣连接，单位质量为1kg/m^2。

以上两种保温被的优点是防雨性能好、耐低温、易卷帘、易保存，保温性能相当于优质稻草苫和蒲草苫。

保温被的使用维护主要注意下面几点：

① 温室主体骨架和卷铺机构安装完毕，就可以安装保温被，方法是用一正一反两条压膜线将保温被连接起来，连接时应该依次连接保温被的正面，不要正反相连。安装完毕，相邻两块保温被应该是西边一块压住东边一块，以防止冬季西北风吹入温室内部。根据温室的长度确定连接保温被的块数。

② 将用压膜线连接好的保温被覆盖在温室主体骨架上，注意应使防水层超向温室外部。从温室一端开始将温室脊部连接板上的螺栓依次穿过保温被的扣眼，然后再用保温被压条压住保温被，最后用蝶形螺母拧紧，一直到达温室的另一端。

③ 将1.0m宽的边被用上述同样的方法固定在靠近卷铺电机一边的山墙上。

④ 将保温被的下边从卷铺轴下绕过然后卷起，调节平整后用专用卡子将保温被固定在卷铺轴上，卡子每0.5m固定一个，靠近卷铺电机输出轴端部多加固两个卡子。

⑤ 开启卷铺电机，做初次运行，检查一下卷铺轴在运行过程中是否在同一水平线上，如不在同一水平线上，应把卷铺电机退回到初始位置重新调整保温被卡子的位置，直到卷铺过程中卷

铺轴在同一水平直线上为止。

⑥ 使用时注意防水，防刮破。

2. 棚室骨架的使用维护

（1）竹木结构棚室骨架的使用维护

1）棚架安装要求

① 棚脚入土要到位。大棚脚的入土深度一定要达到40cm，以防止棚脚边缘的土壤因耕作逐年下降，使棚脚入土变浅，造成大棚倾斜。

② 连接杆要扎紧扎牢。大棚的三道连接杆与骨架接触部位用铁丝扎紧扎牢，如果用竹竿做连接杆，由于竹竿会干燥收缩而松动，要经常检查，随时扎紧并隔2~3年更换一次，以防竹竿老化造成大棚倾斜。

③ 大棚支撑要牢固。水泥墙体大棚两端的混凝土支撑杆，用两长两短，即两根短撑杆与连接杆对准，底部距第一副骨架的底部1~1.5m；两根长撑杆的宽度可与棚门相结合。为使大棚更牢固，可在大棚两端的内侧用毛竹搭成剪刀形支撑杆。对50m以上的大棚，最好在棚中间的两侧加搭一副剪刀撑。较长的大棚可用6副剪刀撑。

2）棚架维护

① 及时扶正骨架。如土地不平整，土层厚薄疏松不一，大棚可能会向一侧倾斜，一旦发现应及时扶正。方法：用3道绳索或者铁丝，把骨架从相反方向拉住，或用竹竿在相反方向撑住，逐副扶正。扶正前，先将相反方向骨架底部的土松开，以防用力过猛使骨架折断，扶正后再夯实。轻质大棚骨架内也可以每隔3~5道棚架再斜绑一道毛竹，以防变形。

② 防止人为增加负荷。不得随意在非承受载荷的构件上吊挂重物，不要任意把扁豆、丝瓜、南瓜等攀缘作物牵到大棚上，以免遇到刮风下雨增加骨架的负荷，造成骨架裂缝、折断、倒塌。

③ 及时夯实棚脚。由于土壤本身在自然界中的涨墒、缩墒

及雨水冲淋等，间隔一段时间后，脚洞会自然形成空洞，如果连续干旱后遇暴雨，极易造成大棚倾斜、损毁，因此每年至少要对棚脚的脚洞进行两次还土。

④ 棚架内嵌的铁丝、竹片露出，应打磨、包裹，防止划破棚膜，有断裂的棚架要及时更换。竹木大棚和水泥大棚等还要注意拱柱、立柱等连接处的铁丝、螺栓的牢固性，也应注意防锈。可每年涂刷一次防锈漆，尤其是生锈部分和易生锈的连接部件。

⑤ 经常检查地锚线和压膜线，如果较松或断裂，要及时紧固和更换。

3）墙体维护

夯实粘土墙和加草粘土墙的造价最低，而且建造工艺简单，可就地取材，适用于自建温室，但是使用年限短，保温效果较差，需要经常维修。砖砌夹心墙的造价相对高一些，要注意保温材料的防潮。采用聚苯板等新型材料异质复合墙体，建造工艺不复杂，材料容易取得，用料也省，更主要的是耐久性能好，但缺点是一次性投资较大。

4）材料防腐

棚室内环境潮湿，结构部件防腐是一件十分重要而又困难的事。材料防腐的方法很多，这里只介绍几种常用方法。

① 石蜡浸渍处理。方便易行，效果良好，适用于门窗及檩条等的防腐。具体方法：将石蜡放在锅内加热至120℃，然后把木材浸入，浸煮2~3min，取出后即包有一层石蜡薄膜。浸煮时间不宜过长，使用中防止用硬物、铁件碰撞。

② 涂料防腐。涂刷聚乙烯基乙炔清漆两遍，也可以涂刷环氧类防腐油漆以及桐油等，埋入地下的木材可进行碳化处理或者浸渍热沥青防腐。

（2）钢架结构棚室骨架的使用维护

1）主体骨架的使用维护。主体骨架的寿命至少应在15年以上。当暴风雨突然来临时，就要随时监控温室，发现异常情况必须果断采取措施保护骨架，可以破坏覆盖材料以减轻骨架压力；暴雪后应及时清理屋面积雪减轻骨架的压力；对于基础沉降造成的问题，可以采取修复基础、加固骨架的方法进行处理和维护。

使用过程中如果搬运机械碰撞了骨架，必须立刻检修使其复位，同时要检查相关配套设施能否正常运行。应该每年对骨架进行一次全面的维护保养，检查重点应为骨架有无生锈、是否发生变形、紧固螺栓有无松动、各连接部位是否牢固等，发现问题及时修理。不要随便改变温室结构，不得在立柱上使用氧焊、电焊焊接任何吊挂物，加装吊挂时所需的结构应符合要求。

2）钢材防腐。钢材裸露部分每年要涂刷一次防锈漆，尤其是生锈部分和易生锈的连接部件。

① 涂料防腐。以下介绍几种防腐涂料的主要特点和使用方法。

红丹酚醛防锈漆。涂刷前金属表面要去锈，然后涂刷两遍。这种漆防锈性能强，附着力好，但有毒。它可以在 20～60℃ 情况下使用，环境温度为 25℃时，经 24h 即可干燥。

硼钡酚醛防锈漆。这种漆快干无毒，防锈性能强，使用温度 -20～60℃，只需涂刷一层。

7108 -1 防锈底漆。这种漆附着力很强，施工方便，干的速度快，防水性好，使用温度低于 100℃，可以喷涂，一般以喷涂两层为宜，经 24h 干燥。

以上三种漆属于常用底漆，刷完干燥后可用其他调和漆罩面。

油漆涂料防腐应特别注意正确配套涂刷、基体金属必须进行严格清理、除锈，涂刷厚度要均匀，避免漏刷或存在气泡，否则将大大降低附着力，达不到防腐的目的。另外红丹酚醛锈漆底漆不能涂在铝及新的锌皮表面。

其他耐腐蚀涂料还有煤沥青清漆，适用于地下金属表面的涂刷，以两层为宜。这种漆耐水不耐油，干燥时间不到 1h，可以在 -20～70℃情况下使用，也可以作为一般底漆使用，外部涂刷调和漆保护。

② 镀锌。有两种方法，一是电镀锌（冷镀），表面光滑，镀锌层薄，厚度为0.01～0.02mm。二是热浸镀锌，镀层较厚，厚度可达0.1～0.2mm，是电镀锌的10倍，附着力强，表面虽然不如电镀锌光滑，但防腐能力强，是钢结构保护设施采用的主要防腐方法。

春秋换季时，应对磕、碰、刮、划造成的热镀锌表面的锈迹进行局部喷锌处理，如果发现紧固件锈蚀，就要及时更换。要特别注意镀锌保护层不能受损伤，运输、安装、使用中要经常检查维修，发现损伤面要及时清理，然后涂防锈漆和调和漆进行保护。

3）温室保养与维修。温室使用一季后，后屋面的麦草、秫秸难免会腐烂，墙体也会剥蚀甚至坍塌，需要及时维修，以防止引起更大的损坏。已经发生腐烂、凹陷的后屋面，要及时更换麦草、秫秸，不要等到下一季使用前才更换，防止夏季雨水淋墙引起坍塌。已经剥蚀的墙体要抹泥修补，有条件的可以用白灰膏与秸草混合罩墙面防雨，还可以反光、杀菌。东西山墙要用旧薄膜覆盖防雨。

为防止拱杆日晒雨淋，可以用旧膜覆盖，也可利用拱杆作支架种佛手瓜、丝瓜、冬瓜等，既可遮阴、降温、吸盐，又可以提高设备及土地利用率，增加收入。

温室四周要挖好排水沟，夏季降雨后及时排走雨水，防止浸泡墙体引起坍塌。

3. 棚室辅助设备的使用与维护

（1）临时加温设备

节能型日光温室在加强保温的情况下，冬季生产比较耐低温的叶菜类蔬菜不需要再加温，但如果生产喜温的果菜类蔬菜，夜间有时需要进行临时加温，特别是遇到寒潮时，可采用火炉加温的办法确保蔬菜正常生长。炉子的数量可以根据寒潮的程度来定，一般8m长大棚或温室可用一个炉子。如果加温时间比较长，可以在温室的后墙加设土炉火墙。采用炉火加温时，应注意避免炉子周围的局部高温，防止烟道漏烟造成一氧化碳和二氧化硫等有害气体毒害作物。

（2）补光设备

北方地区冬季日照缩短，作物生长缓慢，产量低，特别是连续阴雪天，由于光照不足，植株常常出现黄叶、幼果脱落甚至大片枯萎死亡的现象，因此需要人工补光，以保证作物的光合作用，促进生长。一般要求补光光源的照度在3 000lx（勒克斯）以上，而且要有一定的可调节性，最好具有太阳光的连续光谱。

日光温室常用的人工光源都是电光源，也就是电灯，具体名称按照发光原理命名，主要包括白炽灯、碘钨灯、荧光灯、高压气体放电灯等。下面简要介绍几种光源的特点。

1）白炽灯。光谱为连续光谱，其中主要是红橙光，蓝紫光很少，几乎无紫外线，发光效率低，光色差。但白炽灯价格便宜，一般作为辅助光源应用。

2）荧光灯。光谱主要集中在可见光区域，成分一般为蓝紫光16.1%、黄绿光39.3%、红橙光44.6%。可通过改变荧光粉的成分来获得所需要的光谱，如用于育苗的荧光灯，需加强蓝色和红色部分。荧光灯发光效率高，约为白炽灯的4倍，达51%~84%。使用寿命长达3 000h以上，且价格便宜，是使用最普遍的一种光源。荧光灯的缺点是功率小、附件多、故障率相对较高。

3）碘钨灯。功率大，发光效率高，而且体积小、构造简单，安装方便，故障也少，寿命较长，是温室冬春季常用光源之一。使用时，可以沿后坡内侧每隔8m装一个400~800W（瓦）的碘钨灯，其光照强度可达到1 000~2 000lx。

4）高压气体放电灯。气体放电灯包括水银灯（汞灯）、钠灯、氙灯、金属卤化物灯、生物效应灯等，它们的光谱都是线状的。其中，金属卤化物灯的光色好，发光光谱主要集中在可见光区内，是高强度人工补光的主要光源。这种灯功率大、寿命长，一般可达到4 000h以上。生物效应灯可发生连续光谱，但是紫外光、蓝紫光和近红外光低于自然光，而绿、红、黄光比自然光高。

进行人工补光时，光源一般应距离植物1~2m。照明时间和强度应根据补光目的和蔬菜种类而定。光弱时可采用每平方100~400W的密度，全天补光时间最好不超过16h，具体时间要经过试验后确定。

（3）灌溉设备

滴灌是棚室蔬菜最理想的灌水技术，它具有节约用水、节省肥料、提高棚温、减少发病、增加产量、省工、高效等优点。

滴灌是指由各种粗细不等的塑料管包括干管、支管、毛细管、滴头等组成灌溉系统，通过毛细水管把水送到每一棵植株根系附近的灌水方法。

膜下滴灌系统主要设在温室通道南侧地面，用自来水作水源，水泵要求扬程10m，流量每小时$10m^3$（立方米），滴灌带与主管相连，滴水孔向上，滴灌带上面铺设地膜。

蔬菜种植一般为南北向，所以支管按东西方向布设，管长与温室长度相当；灌水毛管按南北向布置，长度与栽培畦等长。供水设施可建在棚的一头，也可以使用具备一定压力和调蓄能力的集中供水设施。棚内要安装控制阀，集中供水还需安装水表。安装和田间作业时，要谨防划伤、戳破滴灌带或主管，保证每一段主管的控制面积基本不超过半亩地，同时与各软管接触的地面要平整，保证水流通畅。在主水管上，与每畦中心对应处安装一个软管接头（螺纹软管接头或衬管软管接头）。接头先全部塞入主管，依次移动到与各畦相对应的位置，在主管上打孔，接头与滴水管接牢。主水管末端用堵头堵上或扎紧，滴灌带末端也要扎紧。如果用施肥器，可将主管进水处用40mm×25mm的变径三通与施肥系统连接，并将施肥系统与水源相连。具体布设方法如下：

1）做高畦或大小垄。高畦呈龟背状，两畦之间留作业道；大小垄是两小垄为一组，小垄间膜下铺管。

2）铺管与覆膜。铺设软管时要注意滴灌带的滴孔朝上。全部铺设好后，应通水检查滴水情况，如果正常，则绷紧拉直，末端用竹木棍固定，然后覆盖地膜，绷紧、放平，两侧用土压严。定植孔破损的地膜与作物茎基部用土封严。

3）浇水追肥。水源要干净，水中不能有大于0.8mm的悬浮物，否则要加上网式过滤器净化水质。用自来水和井水时通常不用过滤。滴灌只能追化肥，并且必须将化肥溶解过滤后再输入滴灌带随水追施。施肥后应继续灌一段时间清水，以防止没有溶解的化肥堵住孔口。

输水软管及滴灌带用完后要清洗干净，卷好放到荫凉的地方妥善保存，防止高、低温和强光曝晒，以延长使用寿命。

除了采用上述膜下滴灌法以外，还可以进行地下简易灌溉，具体作法是棚室地面下埋入带小眼的水管，水流出后逐渐湿润土壤。这种方法对土壤表层没有不良影响，土壤能经常保持疏松，根系生长好、吸收能力强，地表面经常处于干爽状态，棚室内空气湿度较小，病害轻，并能节约用水。用这种方法，灌水毛管不能埋得太深，应埋在土表层以下15～20cm处。如果埋得过深，不但浪费水，还容易降低地温。在管道的出水口周围要用纱网包好，防止泥土堵塞出水口。

（4）育苗设施

蔬菜育苗设施主要有日光温室、塑料拱棚（大、中、小）、阳畦以及遮阴棚等。育苗设施可以根据蔬菜种类、栽培目的及气候条件等因素来选择。

夏季育苗，一定要采用遮阳防雨设施，利用大棚、中棚或小拱棚支架，上面覆盖遮阳网、防虫网，可以有效减轻夏季高温和暴雨对蔬菜秧苗生长的不利影响。

阳畦育苗。华北地区，可以用阳畦作为露地蔬菜的播种苗床，也可以作为分苗苗床；在东北、西北等高寒地区，一般在温室内播种，在阳畦内育成苗。阳畦育苗因受气候条件和自身增温保温能力的限制，通常只培育露地用苗。阳畦也可以建在塑料大棚内，有利于提早育苗。

温床育苗。温床是在阳畦的基础上，采用人工加温的方法提高床土温度、促进秧苗生长的一种育苗床。温床虽然不像温室那样空间大、操作方便，但它温度条件较好，如果在温室或大棚内建造温床，可进一步改善苗床的保温性能，为育苗创造更好的环境条件。

根据人工加温的设施、原理和方法的不同，可将温床分为：

酿热温床：酿热温床与冷床（阳畦）的结构基本一样，一般宽约1.5m，长6~7m左右，由风障、育苗畦和保温覆盖物组成，不同的是在苗床底要填充酿热物，利用有机酿热物发酵分解所散发出的热量来提高苗床的温度。酿热物以未腐熟的骡马粪、鸡粪为最好，其次是碎草、树叶和作物的秸秆。也可以用猪牛粪等作酿热物，掺和一些鸡、羊粪或人尿等。酿热物一定要新鲜，分层踩入苗床底部，厚度约30~40cm，含水量70%左右。酿热物铺好、踩实后，要注意观测温度，当温度升到30℃左右时，应立即铺上床土播种。酿热物温床为了克服四周冻土对床温的影响，一般需要将苗床的底部挖成四周低，中间高的“脊背形”。酿热温床只在一定时间内维持较高的床温，后期和阳畦的温度基本一样。

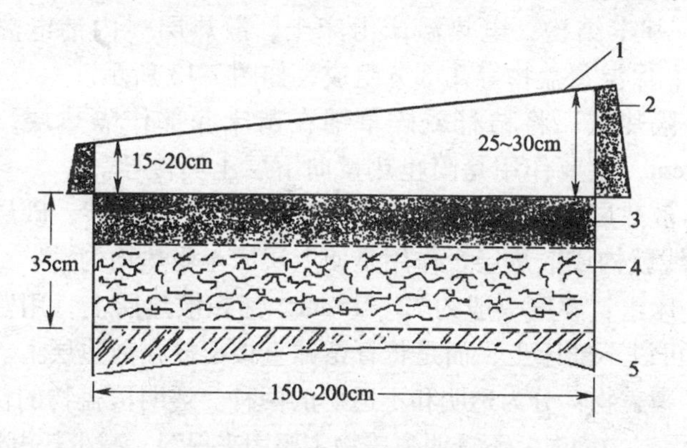

图2-12　酿热温床结构（引自山东农业大学主编《蔬菜栽培学总论》，北京：中国农业出版社，2000）

1—透明覆盖；2—畦框；3—苗床土；4—酿热物；5—隔热层

电热温床：是指利用土壤电热加温线来提高床土温度的育苗床。电热温床育苗所需要的时间可以比冷床缩短 10 天左右，而且秧苗生长整齐、素质也好，是一种先进的育苗方式。电热温床主要的设备是电热加温线和控温仪，也可以只用电热线加温，不用控温仪控温，苗床温度由人工通断电来控制。电热温床最好建在温室、大棚或阳畦等设施内，如果建在露地，则应该加设风障，并用小拱棚覆盖。

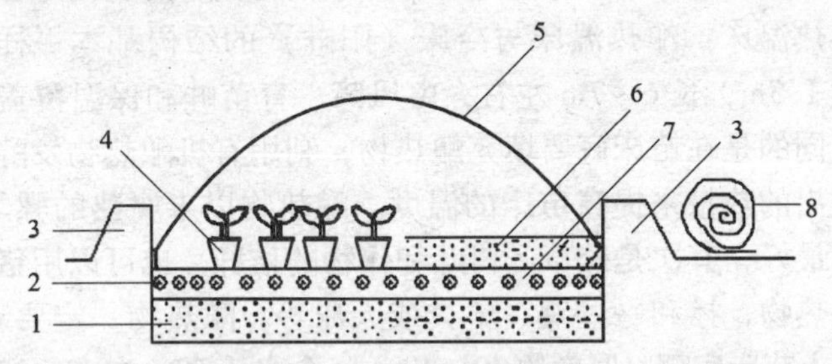

图 2-13　电热温床结构（参考韩世栋主编《蔬菜栽培》，北京：中国农业出版社，2001）

1—隔热层；2—电热线；3—畦框；4—育苗营养钵；5—塑料薄膜；6—苗床土；7—散热层；8—草苫

下面介绍电热温床的主要特点。

1）基本结构：电热温床由床土、散热层（内铺电热线）、隔热层、保温覆盖物等几部分组成，如图 2-13 所示。

① 隔热层：将秸秆或碎草铺在苗床底部作隔热层，厚约 10 ~ 15cm，主要作用是阻止热量向下层土壤传导。

② 散热层：在隔热层上铺一层厚约 5cm 的细砂，砂层中铺设电热线就构成散热层，作用是使上层床土受热均匀。

③ 床土：厚度一般约 12 ~ 15cm，铺在散热层上，用营养钵育苗时可以不铺床土，而是将育苗钵直接摆放在散热层上。

④ 覆盖物：分为透明和不透明的两种。透明覆盖物的作用是透光、保温、增温，不透明覆盖物主要用来保温，减少耗电量。

电热温床的加温设备主要包括电热线、控温仪、交流接触器和电源等。图 2 – 14 为电热温床布线示意图。

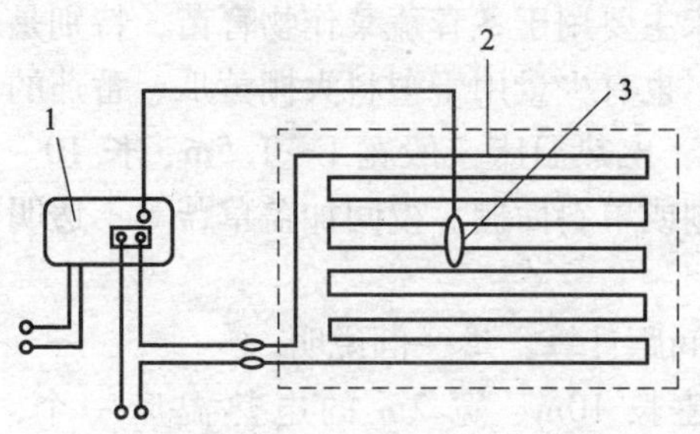

图 2-14　电热温床布线示意图（引自华中蔬菜网，园艺植物栽培学—温室栽培，2006）

1—控温仪；2—电热线；3—感温头

电热线由电热丝、引出线和接头三部分组成。电热线出厂时功率是一定的，所以不能剪短或接长。引出线为普通的铜芯电线，基本不发热。

控温仪：将电热线和控温仪连接好，把感温触头插入床土中，当床土温度低于设定值时，继电器接通，开始加温；当床土温度高于或等于设定值时，继电器断开，停止加温。

交流接触器：主要作用是扩大控温仪的控温容量。当电热线的总功率 <2 000W［电流 10A（安）以下］时，可不用交流接触器，而将电热线直接连接到控温仪上。当电热线总功率 >2 000W（电流 10A 以上）时，应将电热线连接到交流接触器上，再与控温仪相连接。

电源：电热温床主要使用 220V（伏）交流电源。当功率电压较大时，也可以用 380V 电源，并要用负载电压相同的交流接触器连接电热线。

2）主要性能和应用：使用电热温床能够提高地温，并可使近地面气温提高 3～4℃。由于地温适宜，幼苗根系发达，生长速度快，可缩短苗龄 7～10 天。与其他温床相比，电热温床结构简单，使用方便，省工、省力，一根电热线可使用多年。如果与控温仪配合使用，还可以实现温度的自动控制，避免地温过高造成的危害。缺点是使用成本较高。

电热温床主要用于冬春蔬菜作物育苗，特别是果菜类蔬菜育苗应用较多，也有少量用于塑料大棚黄瓜、番茄的早熟生产。

3）安装：电热温床一般宽 1～1.5m，长 10～15m。可覆盖塑料薄膜拱棚或单斜面棚。夜间加盖草苫等不透明覆盖物，也可以不加覆盖。

① 铺线间距计算：举一例说明。

计划修建长 10m、宽 2m 的电热温床一个，功率密度按 $100W/m^2$ 计算，请问需要额定功率 1 000W、长 120m 的电热线几根？每根电热线能铺多大面积？每根线能铺多宽？铺线间距是多少？

电热线根数 = 电热温床面积 × 功率密度 ÷ 额定功率

= 10 × 2 × 100 ÷ 1 000 = 2 根

1 根线铺床面积 = 额定功率 ÷ 功率密度

= 1 000 ÷ 100 = $10m^2$

1 根线铺床宽度 = 每根线铺床面积 ÷ 温床长度

= 10 ÷ 10 = 1m

1 根线往返次数 =（1 根线长度 − 1 根线铺床宽度）÷ 温床长度

=（120 − 1）÷ 10 = 11.9。取双数是 12 次。

铺线间距 = 1 根线铺床宽度 ÷（1 根线往返次数 + 1）

= 100 ÷（12 + 1）= 7.7cm

② 布线方法：

单线：只用一根电热线。

双线：用两根电热线按并联方法连接，严禁串联，若串联电阻加大，电流变小，温度升不上去。

三线：用三根电热线，按星形方法连接。

③ 铺线方法：

做好床体，底部整平。先在床坑底部铺设隔热材料，整平、踩实后，再平铺一层厚约 3cm 的细砂。在床两端按铺线间距做标记。取两块长度与床面等宽的窄木板，按线距在板上钉钉子。

将两块木板平放在温床的两端，然后将电热线绕钉拉紧、拉直，待电路畅通后，可再覆上约2cm厚的细砂。

4）使用注意事项：电热线只用于床土加温，不允许在空气中整盘通电；电热线的功率是额定的，严禁截短或加长使用；两根以上电热线连接需并联，不可串联；每根电热线的工作电压必须是220V；为确保安全，电热线以及电热线和引出线的接头最好埋入土中，在电热温床上作业时需切断电源，不能带电作业；从土中取出电热线时，严禁用力拉扯或铲刨，以防损坏绝缘层；不用的电热线要擦拭干净放到阴凉处，防止鼠虫咬坏；旧电热线使用前需做绝缘检查。

二、棚室环境调控

1. 温度

（1）温度特点

1）气温

一天当中，棚室内最高气温一般出现在13:00左右，14:00以后气温开始下降，下降的速度与保温措施有关。设施内的气温在空间上的分布是不均匀的。白天气温随高度的增加而上升，夜间气温随着高度的增加而降低。大棚四周气温比中部低，冷害一般最先发生在边沿地带。日光温室内的气温，晴朗的白天南部高于北部，夜间北部高于南部。温室前部昼夜温差大，对作物生长有利。东西方向上气温差异较小，只是靠近东西山墙2m左右的区域温度较低，出口所在的一侧最低。

2）地温

白天气温升高时，土壤从空气中吸收热量，地温升高；气温下降时，土壤则向空气中放热。夜间日光温室内的热量，有大约90%来自土壤的蓄热。因此，连阴天时间越长，地温消耗也越多，连续7~10天的阴天，地温只比气温高1~2℃。在严寒的冬季提高地温，可以减轻气温偏低对作物生长的影响。一般地温提高1℃，相当于气温提高2~3℃。

(2) 调控措施

1) 增温、保温措施

① 建造棚室前进行科学的采光设计，确定合理的方位、前后间隔距离，设计好温室的前后屋面坡度，选用遮阴面积小的骨架材料和透光率高的无滴膜。棚室越高，保温能力越差；反之保温越好。但在一定范围内适当增加日光温室的高度，反而有利于调整屋面角度，改善透光性能，对增温有利。

② 保持薄膜清洁，增加入射光量，有利于提高棚室内的气温与地温。

③ 选用保温性能优良的覆盖及保温材料。竹木结构的日光温室可增加墙体和后屋面厚度，土墙的厚度要达到当地冻土层厚度的1.3倍，高寒地区多在墙外培防寒土。后屋面材料采用导热系数小的玉米秸箔或苇抹草泥，上面铺乱草，使其平均厚度达到墙体厚度的40%以上。钢架无立柱日光温室，墙体和后屋面均可采用异质复合结构：后墙和山墙都砌成夹心墙，中间空隙填充珍珠岩、炉渣或苯板等隔热材料；后屋面铺一层木板，填充隔热材料，再盖水泥预制板。后墙厚度最好为当地冻土层厚度再加50cm。

④ 多层覆盖。要防止热量通过透明前屋面流失，可以采取多层覆盖。常用的覆盖物有塑料薄膜、草苫、纸被、无纺布、稻草帘、芦苇、棉被等，可根据当地的条件就地取材，有条件的可使用保温被。具体可以采用以下方法进行多层覆盖。

室内保温幕或室内小棚。在室内或大棚内加一层或双层可动式帘幕。它的最大特点是：白天可以敞开，基本不影响透光率，夜间可以拉幕保温，但是要注意保温幕的密闭性，减少缝隙。一般增加一层保温幕可使室内气温增加2℃左右。由于保温幕只在夜间使用，所以适用的材料较多。也可以在棚室内再增加一层小棚覆盖，室内小棚的保温效果不如一层保温幕，但如果小棚上再加盖草苫，一般可提高温度5~8℃。

挂反光幕。在日光温室内北墙上挂银灰塑料薄膜，可增加近地面光照45%左右，温度提高3~4℃。

温室外加盖草苫、纸被。这种覆盖方式可提高温度5~8℃。温室外面除了单独用草苫覆盖外，还可以用纸被（或强化不织布）加一层草苫覆盖，其保温效果比不覆盖温室增加10℃以上。由于草苫和纸被（或强化不织布）不透光，因此要注意揭盖时间，保证作物生长的需要。

⑤ 减少缝隙放热。墙体建造时应避免出现缝隙，后屋面与后墙交接处要严密，前屋面发现孔洞及时堵严，进出口应设有作业间，温室门内挂棉门帘，室内用薄膜围成缓冲带，以防止开门时冷风直接吹到作物上。大风天气要固定好覆盖物，夜间盖严压紧，雨雪天在草苫上加盖塑料薄膜，雪停后及时清除积雪。

⑥ 设施四周夹设风障。一般多在北部和西北部设置风障，在多风地区加设防风设备对保温也很重要。

⑦ 挖防寒沟，减少地中传热。冬春季节，由于温室内外的土壤温差大，土壤横向热传导较快，尤其是前底脚处土壤热量散失最快，所以遇寒流时前底脚的作物容易遭受冻害。因此，对前底脚下的土壤进行隔热处理是必要的。在前底脚外挖50cm深、30cm宽的防寒沟，衬上旧薄膜，装入乱草、马粪、碎秸秆或苯板等导热率低的材料，培土踩实，可以有效地阻止地中横向传热。

⑧ 农业措施。合理浇水，避免土壤过湿。严寒的冬季，尽量减少浇水的次数。浇水时尽量浇预热的温水或温度较高的地下水，温室内可修建蓄水池，蓄水24h以上温度提高后再浇水，避免在阴雪天及下午浇水，不浇冷水。覆盖地膜，可在地膜下浇小水，即在高畦和浇水沟上覆盖地膜，高畦上定植作物，膜下的沟内浇水，晴天浇，阴天不浇；上午10:00~12:00时浇，下午不浇；浇温水、不浇冷水；室温低于10℃时禁止浇水。寒潮到来前，如果温室内没有再盖小棚的条件，可在土壤较干时灌水，也有一定的防冻效果。

改进栽培技术。采用小高垄、南北向宽窄行栽培，可提高地温，增加光照；及时打杈整枝，打掉老叶、病叶，及时绑蔓。

进行中耕，施农家肥。于晴天上午揭开大行内的地膜，深刨大行，深度15～20cm。刨后搂平，重新盖好地膜。深刨后，膜下土壤变得粗糙松软，吸热蓄热能力增强。增施农家肥，适当增加基肥中农家肥的施用量，可以达到改土培肥，提高土温的效果。

科学安排茬口和种类。按照室内光照分布的特点，在前面强光区种植茄果类，在后面弱光区种植耐阴的叶菜和食用菌类。

叶面施肥。寒流来临前1～2天，对温室内蔬菜进行叶面喷施1～2次0.2%的磷酸二氢钾溶液，既可补充植物营养，又可增强抗寒能力。还可叶面喷施1%的葡萄糖液。及时防冻。

⑨ 人工加温。在外界温度特别低、采用多层覆盖也不能达到要求时，则应考虑采用加温措施。方法有：

临时火炉加温。寒流期间使用带排烟管的加温炉加温，也可在大棚中的走道上用2～3个瓦盆装木炭点燃加温。同时，要注意严防火灾或大火使周围植株灼伤。

酿热物增温。就是在栽培畦下10cm埋施半腐熟的有机肥，既可增温，又能增加棚内二氧化碳的浓度。但这种方法在蔬菜苗期不能用，容易烧苗，而且会产生有害气体，所以要注意通风。

2）降温措施

① 通风降温。最简单、最常用的降温方法。塑料拱棚和日光温室冬春季多采用自然通风的方式降温。通风时，将上幅膜扒开，形成通风带。通风量可通过扒缝的大小随意调整。如寒冷季节通风时，应以开天窗为主或先开天窗后开地窗。关窗时应当先关地窗后闭天窗。在高温季节，可将底脚围裙揭开，昼夜通风。

棚室通风降温要注意以下几点：

逐渐加大通风量。通风时，不能一次开启全部通风口，而是先开1/3或1/2，过一段时间后再开启全部风口。可将温度计挂在设施内几个不同的位置，以决定不同位置通风量大小。

反复多次进行。冬季晴天的12:00～14:00时之间，日光温室内最高温度可以达到32℃以上，由于外界气温低，温室内外温差过大，常常通风不到半小时，气温已下降到25℃以下，这时应立即关闭通风口，使温室贮热增温。当室内温度再次升到30℃左右时，重新放风排湿。这种通风管理重复几次后，可以使室内气温维持在23～25℃。由于反复多次的升温、放风、排湿，可有效地排除温室内的水汽，CO_2气体得到多次补充，使室内温度维持在适宜温度的最小值，并能有效地控制病害的发展和蔓延。遇到多云天气，更要注意随时观察温度计，温度升高就通风，温度下降就关闭通风口。

早晨揭苫后不要立即放风排湿。冬季外界气温低时，早晨揭苫后常看到温室内有大量水雾，如果这时立即打开通风口排湿，外界冷空气就会直接进入棚内，加速水汽的凝聚，使水雾更重。因此，冬季日光温室应在外界最低气温达到0℃以上时通风排湿。一般开15～20cm宽的小缝半小时，即可将室内的水雾排除。中午再进行多次放风排湿，尽量将日光温室内的水汽排出，减少叶面结露。

低温季节不放底风。喜温蔬菜对底风（扫地风）非常敏感，低温季节生产原则上不放底风，防止冷害和冻害的发生。

② 遮光降温。可利用遮阳网、无纺布等不透明覆盖物遮光降温。

③ 地面灌水或喷水，增大土壤蒸发消耗，并且与通风结合，以避免室内湿度过大。

2. 光照

(1) 光照特点

棚室内的光照时数主要受纬度、季节、天气情况及防寒保温等管理技术的影响。由于冬、春季要覆盖草苫等不透明覆盖物进行防寒保温，人为缩短了日照时数。

棚室内光照强度的日变化和季节变化都与自然光照度的变化相一致。晴天的上午设施内光强逐渐增大，中午最高，下午随逐渐降低。从季节变化看，严冬季节，室内光照不能满足蔬菜生长需要，尤其是覆盖材料较多的设施。春秋两季光照基本能够满足栽培需要；夏季由于较强的光照会导致设施内温度过高，产生高温危害。

棚室内光强度在空间上分布不均匀。垂直方向上，靠近薄膜的地方相对光强为80%，距地面0.5～1.0m为60%，距地面20cm的地方只有55%。水平方向上，南北延长的塑料大棚，上午东侧光强度高，西侧低，下午相反，从全天来看，两侧差异不大。东西延长的大棚，平均光强度比南北延长的大棚高，升温快，但南部光强度明显高于北部，南北最大可相差20%。日光温室从后屋面水平投影以南是光照强度最高的部位，在0.5m以下的空间里，各点的相对光强都在60%左右，南北方向上差异很小；东西方向上，由于山墙遮阴，在东西山墙内侧各形成大约2m左右的弱光区。

（2）调控措施

1）增加光照。主要措施有：

① 优化设计，合理布局。选择四周无遮阴的场地建造温室大棚，并计算好棚室前后左右间距，避免相互遮光。建造日光温室前进行科学的采光设计，确定最优的方位、前屋面采光角、后屋面仰角等与采光有关的设计参数。根据大棚使用时间、生产目的和作物对光照条件的要求进行调节。以春秋两季栽培为主的塑料大棚，前屋面采光角可小些（15°左右），棚面放平，使透射进来的光线距离相等，分布均匀；冬季要求前屋面采光角度大些（25°左右），棚面起拱，以利采光。

② 选择适宜的建造材料。太阳光投射到骨架等不透明物体上，会在地面上形成阴影。阳光不停地移动，阴影也随着移动和变化。尽量选用细材和反光性能好的骨架材料。如竹木结构日光温室骨架材料的遮阴面积占覆盖面积的15%～20%，钢架无柱日光温室建材强度高，截面小，是最理想的骨架材料。采用竹木结构也要在保证骨架强度的前提下尽量采用细材，以减少骨架遮阴。在可能的情况下还要适当缩短温室的后坡长度。

③ 选用透光率高的薄膜。聚氯乙烯薄膜、聚乙烯薄膜和醋酸乙烯薄膜的可见光透光率大约在85%～92%。但是由于不同

薄膜使用后的污染、老化及无滴性能等的不同，它们的透光率也不同。一般聚氯乙烯膜容易被污染，聚乙烯膜污染较轻，醋酸乙烯膜介于这两种薄膜之间。使用有滴膜但是如果不经常清除污染，薄膜的透光率会因为附着水滴降低20%左右，因污染降低15%～20%，因老化降低20%～40%，再加上温室结构的遮光，这样温室的透光率只有40%左右。

薄膜使用过程中要注意下面几点：

保持薄膜清洁，每年更换新膜。经常打扫和清洗棚膜，下雪后及时清除积雪。草苫等覆盖材料要在不显著影响棚内温度的前提下，适当早揭晚盖，以确保采光面积，延长光照时间。大棚在日出后放风排湿半小时，可减少膜面水珠，也能增加透光率。

及时消除薄膜内表面上的水珠。常用的方法有两种，一种是拍打薄膜，使水珠下落；一种是定期喷洒除滴剂或消雾剂，专用消雾剂按照说明使用，也可用100倍豆汁、面粉液等自制的溶液进行消雾。具体方法：每平方米薄膜用7.5～10g（克）细大豆粉（越细越好），加水150ml（毫升），浸泡2小时，用细纱布滤去渣滓，然后装入喷雾器内，向薄膜内侧均匀喷雾，可使膜上的水滴很快落下来，并使薄膜在15～20天内不再产生新水滴。这种方法简便易行，省工省力，而且对棚内作物不会有影响。

保持薄膜平紧。棚膜变松、起皱时，透光率会降低，应及时拉平、拉紧。

④ 温室后墙涂成白色或张挂反光幕，地面铺地膜，利用反射光改善温室后部和植株下部的光照条件。用2m左右宽的反光幕，上端搭在事先拉好的铁丝上，折过来用透明胶粘牢，下端坠吊竹竿或用细绳拉紧，反光幕不要紧贴北墙。地面铺设银灰膜或铝箔，也能增加植株间光照强度，使果菜类蔬菜着色良好，并能防止下部叶片早衰。

⑤ 减少保温覆盖物遮荫时间。在保证温度的前提下，早揭晚盖草苫，尽量延长光照时间，遇阴天只要室内温度不低于蔬菜适应温度的最低值，就应揭开草苫，争取见散射光。

⑥ 改进农业措施。合理搭配种植，播种时，使种子朝同一方向，移栽时子叶平行排列，并严格栽培规格，使植株生长整齐，尽量减少株间遮光。采用南北畦栽培，使植株受光均匀。采用扩大行距、缩小株距的配置形式，改善行间的透光条件。另外，加强栽培管理，及时整枝打杈，改插架为塑料绳吊蔓，用铁丝代替竹竿、竹片架膜，减少遮阴。

⑦ 人工补光。光源可分为白炽灯、荧光灯和高压气体放电灯等。补光强度以1 000～3 000lx为宜。补光时间一般掌握每天2～3h，棚内光强增大后停止。冬季补光应在日出后进行，阴雨天气可全天补光。一般在棚内距植株50～60cm的地方悬挂补光灯。

2）遮光。炎夏季节设施内光照过强、温度过高，可通过覆盖进行遮光降温。主要材料有遮阳网、荫障、苇帘、草苫、无纺布、竹帘等，遮光率一般在50%～55%，降低温度3.5～5℃。还可以将薄膜表面涂白石灰或泥浆，涂抹面积根据光照强度需要来定，一般分为全部涂抹、部分涂抹和斑状涂抹。

3．湿度

（1）湿度特点

1）空气湿度。晴天时，白天随着温度的升高相对湿度降低，夜间和阴雨雪天气随室内温度的降低而升高。设施空间大，空气相对湿度小些，但往往局部湿度差大，如边缘地方相对湿度的日平均值比中央高10%；反之，空间小，相对湿度大，而局部湿度差小。空间小的设施，空气湿度日变化剧烈，对作物生长不利，容易引起萎蔫和叶面结露。加温或通风换气后，相对湿度下降；灌水后，相对湿度升高。

2）土壤湿度。和露地相比，设施内的土壤湿度较大；棚中部干燥而两侧或前底脚土壤湿润，存在局部湿度差。

（2）调控措施

1）除湿

① 通风排湿。密闭条件下棚室内容易湿度过大，通风是排

湿的主要措施。早晨揭苫后，由于室外气温较低，室内会形成大量飘浮的雾气，这时如果扒膜通风，会使棚室内温度急剧下降，对蔬菜生长反而不利。一般扒膜通风排湿的时间应在外界气温和室内温度回升后，从脊顶扒开 15～20cm 的小缝，半小时后合上，以利增温贮热。用同样的办法在中午前后再通风 1～2 次。不能为了防病排湿整日通风，因为这种方法虽然可通过调节风口大小、时间和位置，达到降低设施内湿度的目的，但通风量不容易掌握，而且降湿不均匀。

② 加温除湿。棚内温度低时，空气相对湿度较大，因此温度升高相对湿度可以降低。寒冷季节，当温室或大棚内的温度较低时，又不能通风，可以通过提高温度来降低室内的相对湿度，防止叶面结露。

③ 科学灌水。低温季节（连阴天）不能通风换气时，应尽量控制灌水的量和次数。灌水最好选在阴天过后的晴天，并保证灌水后有 2～3 天的晴天。一天之内，要在上午灌水，利用中午高温使地温尽快升上来，灌水后要通风换气，以降低空气湿度。最好采用滴灌或膜下沟灌，减少灌水量和蒸发量，降低室内空气湿度。

④ 地面覆盖。设施内的地面覆盖地膜、稻草等，能有效防止土壤水分向室内蒸发，可以明显降低空气湿度。

⑤ 采用透湿和吸湿性良好的保温幕材料。如无纺布能够防止其内表面结露，并且可以避免露水落到植株上，从而降低空气湿度和作物沾湿。

⑥ 中耕除湿。主要是通过切断土壤毛细管，避免土壤毛管水上升到地表面，可减少土壤水分的大量蒸发，达到降湿的目的。

2）加湿。生产中可通过减少通风量、加盖小拱棚、高温时喷雾及灌水等方式来增加设施内的空气湿度和土壤湿度。

4. 气体条件及其调控

（1）气体条件特点

1）CO_2浓度低。露地生产中由于空气流动，作物叶片周围的 CO_2不断得到补充。设施生产中，冬季很少通风，CO_2得不到补充，特别是上午随着光照强度的增加，温度升高，作物光合作用增强，CO_2浓度迅速下降，到10:00左右CO_2浓度最低。冬季CO_2浓度较高，夏季较低。温室和大棚内CO_2气体浓度分布不均匀，白天作物群体内CO_2浓度可比上层低50～65ml/m^3（毫升/立方米）。夜间或光照很弱的时候，作物群体内部CO_2浓度高。

2）易产生有害气体。温室、大棚内有害气体的产生比室外要多，如果管理不当，当有害气体积累到一定浓度，作物就会出现中毒症状，浓度过高会造成作物死亡，必须尽早采取措施加以防止。

氨气和亚硝酸气体的产生主要是一次性施用大量的有机肥、氨态氮肥或尿素，尤其是在土壤表面施用大量的有机肥或尿素造成的。

二氧化硫和一氧化碳主要是由于炉火加温引起的，有些煤中含有硫化物，燃烧过程中会产生二氧化硫，如果炉火加温过程中烟道漏烟，则会产生二氧化硫毒害，如果煤燃烧不完全就会产生一氧化碳毒害。

乙烯和氨气主要是从不合格的农用塑料制品中溢出的。

（2）调控措施

1）气体条件管理

① 提高CO_2浓度，主要方法有三种：通风换气、土壤中增施有机质、人工补气肥。

通风换气。通风换气的时间为上午10:00～14:00，每天通风换气1～2次，通风换气时间的长短要根据室内温度高低灵活调节。每天在温度达到25℃时开始换气，降到22℃时关闭通风口，如果室内温度超过25℃，而且持续高温时，要加大通风口、延长通风时间。

土壤中增施有机质。腐熟的稻草放出的CO_2量最高，腐叶土、泥炭、稻壳等稍微差一些。

人工补气肥。根据情况选用以下方法补充CO_2：一是深施碳铵。一般每666.7m^{2}施碳铵10～15kg，施肥深度5～8cm。二是燃烧法。通过燃烧蜂窝煤、焦炭或沼气释放出 CO_2，每天日出半小时后点燃，关闭棚室 1～2h，等到棚内温度升到 30℃时，再开棚降温。三是化学生成法。可以用稀硫酸加碳酸氢铵的方法来产生 CO_2，有条件可以施固体二氧化碳肥，具体方法：在行间开 2cm 条状沟，施入后覆土，3 天后释放气体，能释放 90 天，一般 667m^2 一次性施 40～50kg。

② CO_2具体施用方法。一般在晴天日出后 1h 开始施用 CO_2，到放风前半小时停止施用，下午一般不施，阴雨天气也不需施用。每天施用 2～3h。进行 CO_2施肥时，应将散气管悬挂于植株生长点上方，同时想办法将设施内的温度提高 2～3℃。要保持 CO_2施肥的连续性，坚持每天施肥，如果不能每天施用，前后两次的间隔时间尽量不要超过一星期。施用时，要防止设施内 CO_2浓度长时间偏高，否则，容易引起植株 CO_2中毒。增施 CO_2后，作物生长加快，养分消耗增多，要适当增加肥水，才能获得明显的增产效果。

2）预防有害气体的产生

① 有机肥要充分腐熟后施用，并且要深施；化肥要随水冲施或埋施，氮肥要一次少施，避免使用挥发性强的氮素化肥，防止氨气和二氧化氮等有害气体产生，危害作物生长。

② 选择无毒的专用塑料薄膜和塑料制品，设施内不堆放陈旧塑料制品以及农药、化肥、除草剂等，防止高温时挥发有毒气体。

③ 冬季加温时应该选用含硫低的燃料，并且密封炉灶和烟道，严禁漏烟。一旦发生气害，注意加大通风，不要滥施农药化肥。

第五节　范　　例

以济南周边地区日光温室建造为例。

1. 结构参数

温室内部跨度：8～10m

跨高比：2.2∶1～2.5∶1

后墙高：2.3～2.5m

长度：80～100m

采光屋面角度：23°～25°

后屋面仰角：45°～47°

棚面形状：拱圆

墙体厚度：大于80cm

2. 建造说明

（1）墙体

墙体材料可选用土墙或砖体混合结构，墙体厚度大于80cm，砖体结构墙体填充30～40cm酒糠或5cm厚的苯板。

（2）骨架

骨架采用竹木结构或钢架竹木混合结构。竹木结构骨架设3排立柱，立柱间距约为3m，拱架间距为50～60cm。钢架竹木混合结构设一排立柱，拱架为每隔3m安装一个钢桁架，桁架与后屋面连接，桁架间搭竹拱架，桁架下弦沿东西方向穿铁丝，竹拱连接在铁丝上固定。

（3）透明覆盖材料

适于茄果类蔬菜栽培的透明覆盖物为EVA消雾膜，适于瓜类蔬菜栽培的为聚氯乙烯无滴消雾膜。

（4）不透明覆盖材料

草苫、棉绒被较适宜。

第三章　果品蔬菜贮藏设施

第一节　简易贮藏设施

一、沟藏

沟藏是直接将果品或蔬菜贮藏于冻土层以下的地沟中，通过通风与覆盖来调节和维持贮藏场所的温度，使温度达到适宜、稳定要求的贮藏方法。地沟是一种结构简单而且实用的临时性贮藏场所（见图 3-1）。沟藏属于传统的贮藏方式。

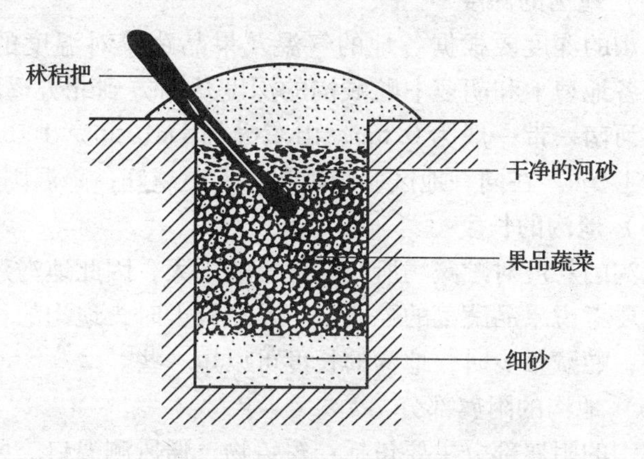

图 3-1　地沟的结构示意图

1. 地沟的建造

(1) 建造地址的选择

因为沟藏是利用通风进行降温的，所以地沟的建造首先要选择通风良好的地方；其次，所选地址的地下水位要低，至沟底至少 1m，否则，果品蔬菜贮藏环境的相对湿度太大，很容易引起腐烂变质；另外，地沟建造的地址还要达到安全方便的要求。

（2）地沟的方向

贮藏中地沟的方向在不同的地区要求是不一样的，在温暖地区，为了增大迎风面，加强贮藏初期的降温，地沟一般以东西长向为宜，因为果蔬采收季节往往在秋末，这个季节的主风向一般是北风；在寒冷地区，因为气温比较低，果蔬在秋末采收后降温不是问题，我们主要考虑贮藏过程中的防冻问题，所以在寒冷地区地沟一般采用南北长向为宜。

（3）地沟的宽度

地沟的宽度既要考虑到沟内果品蔬菜贮藏初期的降温，又要考虑到果品蔬菜贮藏中后期的保温。如果地沟太宽，降温好，但保温不好；如果地沟太窄，保温好，但降温不好。实践证明，地沟的宽度以1～1.5m为宜。

（4）地沟的深度

地沟的深度要根据各地的气温及果品蔬菜对温度的要求而定。如各地萝卜和胡萝卜贮藏沟的深度从南方到北方逐渐加深：江苏、河南一带一般为0.6m，山东大约1m，北京1.0～1.2m，沈阳约1.5m。在同一地区，沟越深，保温越好，降温则越困难。

（5）地沟的长度

地沟的长度对贮藏场所的温度影响不大，因此地沟建造中其长度主要考虑果品蔬菜的贮藏量。贮藏量大时，地沟的长度可以长一些；贮藏量少时，地沟的长度可以短一些。

（6）地沟的附属部分

地沟的附属部分主要包括：覆盖物、通风测温口、风障、阴障等。地沟的覆盖物一般用玉米秸、秫秸、土等，气温降低时将覆盖物平盖在地沟的上面，覆盖量随气温的下降而增加；通风测温口每隔50cm设一个，设置方法是将玉米秸或秫秸捆成10～20cm粗的小捆，下端深入到果品蔬菜，上端露出地面；在寒冷地区为减少寒风的袭击，一般在地沟的北面设风障，在温暖地区为了减少阳光直射导致沟内温度升高，一般在地沟的南面设阴障。

2. 沟藏的方法及管理

沟藏一般适合于比较耐贮存的果品蔬菜，以晚熟品种为宜。沟藏前必须对果品蔬菜进行严格的挑选和分级，像有病虫害的、畸形的、过小的果品蔬菜必须剔除。果品蔬菜采收后不要立即入沟贮藏，一般是先放到阴凉的地方降温，直到果品蔬菜的品温降到10℃以下时才可以入沟贮藏。

（1）沟藏的方法

地沟贮藏果蔬的方法主要包括：堆积法、层积法、混砂埋藏法、将果蔬装筐后入沟埋藏。堆积法是将果品蔬菜散于沟内，再用土或砂覆盖；层积法是先在沟底撒一层砂，再放一层果蔬，依次向上一层砂一层果，层积到一定高度后，再用土或砂覆盖；混砂埋藏法是将果蔬与砂混置后，堆放于沟内，再进行覆盖；沟藏时也可以将果蔬装入筐中然后入沟埋藏。

（2）沟藏的管理

沟藏管理主要是温度的控制，一般分三个时期：

前期，也就是从采收到11月中下旬，这段时间管理的主要任务是降温。根据这段时间白天气温高、夜间气温低的特点，采用白天覆盖、夜间通风降温的方法来控制果品蔬菜适宜的低温，并且随着气温的下降，覆盖量要增加。

中期，也就是11月中下旬到第二年2月中旬，这段时间是一年中气温最低的时候，管理的主要任务是防冻。采取的方法是保持覆盖，不再通风，并且覆盖量增加。

后期，也就是第二年的二月中旬到春季，这段时间气温开始回升，因此管理的主要任务是防止沟内温度回升。采取的方法是保持覆盖，到贮藏结束一次性处理。

二、棚窖贮藏

棚窖也是临时性的贮藏场所（见图3-2），在我国北方地区主要用来贮藏大白菜、萝卜、马铃薯等蔬菜，也可用于苹果、葡萄等果品的贮藏。棚窖属于传统的贮藏方式。

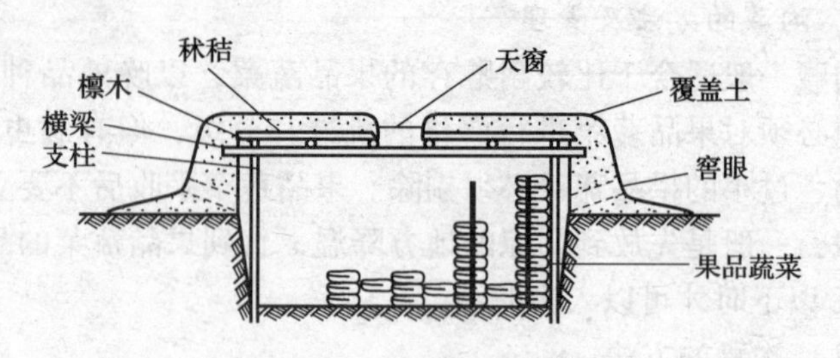

图 3-2　棚窖结构示意图

1. 棚窖的建造

棚窖建造需要选择地势较高，地下水位低，空气流通的地方。建造时先在地面挖一长方形的窖身，窖顶用木料、秸秆、土壤做棚盖。

根据棚窖入土深浅可以将棚窖分为半地下式和地下式两种类型。温暖地区或地下水位较高的地方，大多使用半地下式结构，入土深度大约 1.0～1.5m，地上堆土墙高 1.0～1.5m，两侧窖墙每隔 1.5m 左右开一个 25cm×25cm 的窖眼，起辅助通风作用；寒冷地区大多使用地下式，入土深度 2.5～3m。

棚窖的宽度不一，根据宽度的不同，棚窖可以分为条窖和方窖两种。条窖的宽度 2.5～3m，方窖的宽度 4～6m。

棚窖的长度一般视果品蔬菜的贮藏量而定，一般方窖长度大约 10m，条窖长度 20～50m。

窖顶的棚盖用木料、竹竿等做横梁，有的在横梁下面立支柱，上面铺成捆的秸秆再覆土踩实。棚盖上要开设天窗，天窗开设在棚盖的中央部位，南北长向的棚窖在距离两端 1～1.5m 处开 0.5～0.6m 宽通长的天窗（见图 3-3），东西长向的棚窖在棚盖中央部位开设长 2m、宽 0.5m 的天窗。天窗

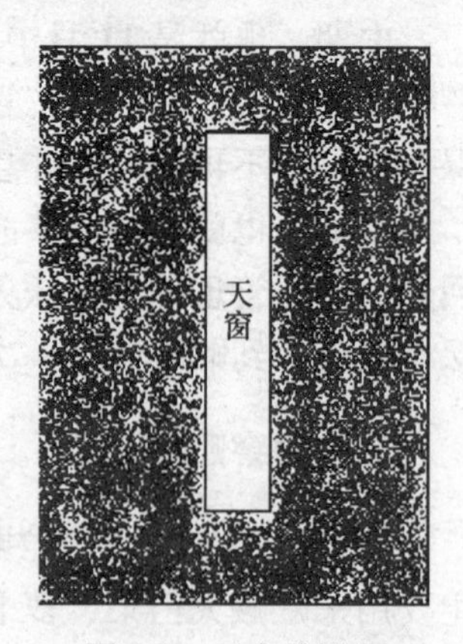

图 3-3　天窗俯视图

的主要作用是通风，也可以兼作出入窖内的门。大型棚窖常在两端或一侧开设窖门，以便于果品蔬菜下窖，并加强贮藏初期的通风降温。

2．棚窖的管理

（1）场所消毒

为了减少病菌的传播，棚窖要在彻底清扫后进行消毒。消毒的方法主要包括：熏蒸法、喷洒法两种。熏蒸法是用硫磺熏蒸，硫磺用量按照 10～30g/m^3（克/立方米），熏蒸时将硫磺点燃，将窖眼、天窗门等通风系统封闭，两天后通风，将二氧化硫气体排出以后再使用；喷洒法一般使用 1% 的福尔马林，用量为 3kg/100m^2，均匀喷洒后封闭一昼夜，然后通风使用。

（2）温度控制

果蔬入窖初期，应该在外界气温比窖内气温低时将天窗、窖眼、窖门等通风系统打开，排出窖内果品蔬菜呼吸作用产生的大量呼吸热，从而降低窖内温度。

中期，也就是在寒冷季节，应将通风系统关闭，进行防寒，需要通风时可在气温比较高的中午，进行短时间的通风。

后期，到了第二年的春季，窖温随气温逐渐升高，这时应该利用夜间气温较低时进行通风换气，继续维持窖内低温，以延长贮藏期限。

（3）气体成分调节

果蔬贮藏过程中，由于呼吸作用窖内氧气会逐渐减少，同时产生大量二氧化碳，另外，果蔬成熟过程中还会产生促进果蔬成熟的乙烯气体。因此，当窖内积累过多的二氧化碳和乙烯气体后应及时将其排出，并将新鲜空气引入。

（4）湿度调节

果品蔬菜贮藏过程中需要有一定的相对湿度，大多数需要控制相对湿度在 85%～95%。当相对湿度太高时，就要进行通风排湿；当相对湿度太低时可以在地面洒水、挂湿草帘、湿麻袋来提高窖内的湿度。

三、井窖贮藏

井窖适合在地下水位低、土质粘重坚实的地区建造，在山东地区用于贮藏大姜、地瓜效果很好。井窖属于传统的贮藏方式。

井窖的窖身深入地下，即在地面向下挖直径约70cm的井筒，深3~4m，再从井底向周围挖一个或几个高约1.5m、长3~4m、宽1~2m的窖洞（见图3-4）。窖洞的顶呈拱形，底面水平或呈较小的坡度。井筒口应围土并做盖，四周挖排水沟，有的在井盖上设置通风口。

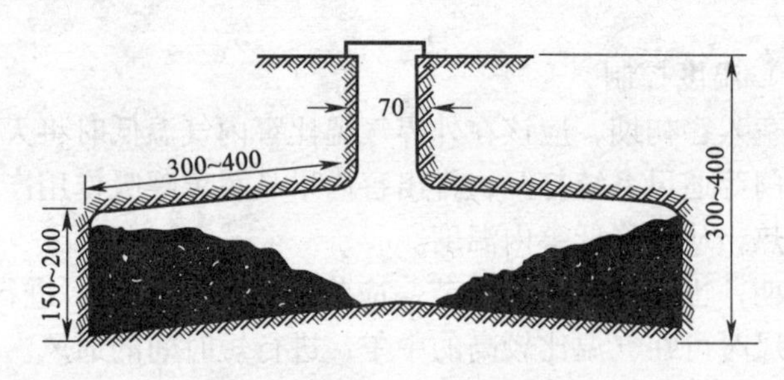

图3-4　井窖结构示意图（cm）

井窖建造和使用注意事项：

1）井窖的建造必须选择地下水位低的地方，其目的是为了避免在雨季地下水位上升将贮藏的果蔬浸没；井窖建造必须选择土质黏重的地方，是为了避免井窖塌陷，必要时将井筒和窖洞用砖砌加固。

2）果蔬在井窖中贮藏一段时间后，因为果蔬呼吸作用会产生大量二氧化碳，所以人员在此期间进入井窖前，必须先用鼓风机连接相应的管子将空气吹入井下，直至井下有足够的氧气方可下井。

第二节 通风库贮藏设施

一、通风库的类型及特点

通风贮藏库属于传统的贮藏方式，可分为地上式、半地下式和地下式三种类型。

1. 地上式通风库

库体全部在地面以上，受气温影响最大，因此保温效果差。但是地上式通风库在设置通风系统时可以把进气口设置在库墙底部，排气口设置在库顶，使进、排气口的高度差达到最大，从而有利于空气的自然对流，所以通风降温的效果最好。这种类型的通风库比较适合于温暖地区。

2. 地下式通风库

库体全部在地面以下，建造时需要挖土的量很大，保温效果很好，但是由于进气口和排气口高度差最小，空气对流速度最慢，通风效果最差。这种类型的通风库比较适合于寒冷地区。

3. 半地下式通风库

库体大约有 1/3 在地面以上，2/3 在地面以下，跟地上式通风库相比增大了土壤的保温效果，跟地下式通风库相比增大了通风降温效果。这种类型的通风库适合于温暖和寒冷地区之间。

二、通风库建造地址的选择

通风贮藏库的建造地址应该符合以下几个方面的条件：

（1）地势较高，最高地下水位距离库底至少 1m。如果地下水位太高，则容易导致库内积水或湿度太高，不能进行果品蔬菜的贮藏。

（2）四周空旷，通风良好，空气清新。因为通风库内温度的降低是通过通入冷空气而实现的，另外，有害气体会促进果品蔬菜的呼吸，缩短了果品蔬菜的贮藏期限，所以空气还必须清新。

(3) 交通运输方便。最好靠近公路，这样便于大批产品的出入运输。

此外，建造地址还要考虑尽量靠近产销地而又便于安全保卫，免遭人、畜的侵扰等。

三、通风库的主体结构

1. 平面结构

通风贮藏库的库房一般是长条形。其大小可以根据果品蔬菜的贮藏量而定，我国各地建造的通风库房，一般长20~50m、宽5~12m，通风库高度一般为3.5~4.5m（图3-5)，高度太低不仅会影响库内空气流通，而且减少了库房的贮藏量。具体结构应该由具有相关资质的建筑专业人员进行设计。

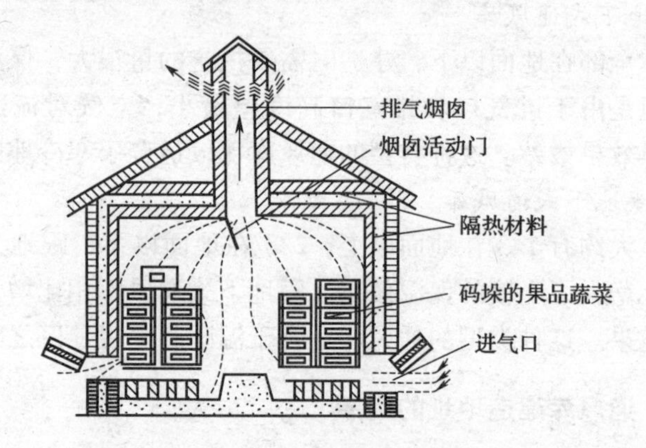

图3-5 通风库结构示意图

为便于管理，通风库的库房不宜过大，倘若果品蔬菜的总贮藏量很大，可以分建成若干个库房，组合成一个库群。根据通风库库房的排列形式可以将其分为双列式和单列式两种。

双列式是将全部库房分成两排，两排库房的中间设穿堂。库房的方向与穿堂相垂直，库门向穿堂开启。地上式通风库的穿堂可以设顶盖及气窗，宽度6~8m，两端设双重门，可以对开汽车。穿堂在通风库中主要起缓冲作用，可以减少通风库开门时库外环境温度对库内温度的剧烈影响，此外还可兼作分级、包装及临时贮放果品蔬菜的场所。

单列式是指通风库的库房并排排列，各个库房的库门单独向外开启，而不设共同的穿堂，但是每个库门处要加设缓冲套间。

除主体建筑外，还要有各种辅助和附设房间，如办公室、休息室、实验室、器材贮藏室、食堂等，根据需要安排一定面积，连接在库群的适当位置。

2. 库顶构造

通风库的库顶构造主要有脊形顶、平顶、拱顶三种形式。

脊形顶的形状类似“人”字形，上面盖瓦，覆瓦的下面衬一层捆紧的芦苇把或秫秸把，有的在人字形顶架下做天棚，棚上铺稻壳等隔热材料。这种屋顶可以减少阳光的直射面积，因此保温效果很好，但结构复杂，使用材料多，增加了建筑费用。同时设置天棚的库，还降低了库内的高度，阻碍空气流动；木结构易受潮腐朽，因而使用年限也较短。

平顶库是用水泥预制板架在两侧墙上做成库顶，有的由两排预制板组成，下立支柱，库顶中央略呈脊形。这种库顶阳光直射的面积较大，库内保温效果不好，同时平顶也限制着库内的高度，建筑费用也较多。

拱顶库的库顶呈弧形，只用砖和水泥就可建成，有很多优点（见图 3-6）。拱形建筑是力学原理的巧妙运用，拱形面上的任何一点都只受压力而没有张力，这就大大加强了建筑物的牢固性，拱顶的全部重量都转移到两侧的基墙，因此虽跨度达几十米的建筑也可以不在中间设立支柱。所以拱顶贮藏库都是无柱的，结构简单，施工也方便。通常 6m 左右宽度的通风库多建成“单曲拱”，从库内仰视库顶，单曲拱顶像半个长圆筒，表面平整。

图 3-6 拱形顶示意图

四、通风系统

通风系统是由进气口和排气口组成的，它是通风库结构上的重要组成部分。通风系统有两个非常重要的作用：一是将果品蔬菜在贮藏中放出的乙烯以及过多的二氧化碳等气体排到库外；二是从库外引入冷空气，使其吸收库内果品蔬菜呼吸产生的热量从而降低库内的温度。通风系统必须具有一定的通风面积，并且达到一定的通风量才能起到有效调节库内温度和气体成分的目的，同时通风量的大小还与进、排气口的设置有关。

1. 通风量和通风面积

通风量和通风面积的计算比较复杂，要涉及很多因素，而且这些因素几乎都是变化不定的。具体设计时通常参考实际经验，比如在我国北方地区马铃薯通风库，每 50t 产品所分配的通风面积应不少于 $0.5m^2$，大白菜专用库须达 $1\sim2m^2$。

2. 进、排气口的设置

进、排气口的设置类型主要包括：屋顶烟囱通风、屋檐小窗通风、混合式通风和地道式通风四种类型（见图 3-7）。

屋顶烟囱通风是把进气口设在库墙的基部，排气口设于库顶，并建成烟囱状，这种类型的通风系统可以使进、排气口形成最大的高度差，产生较大的气压差从而增大了空气流速。有的还

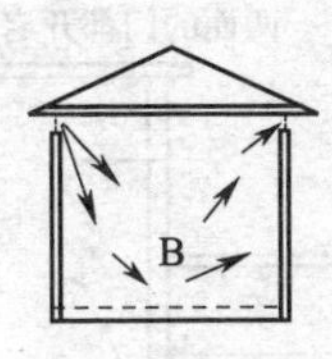

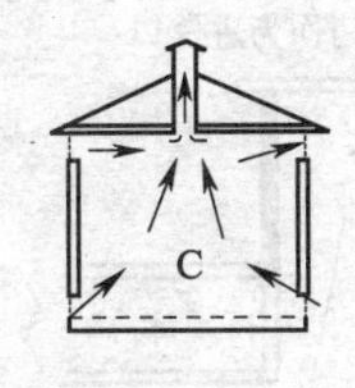

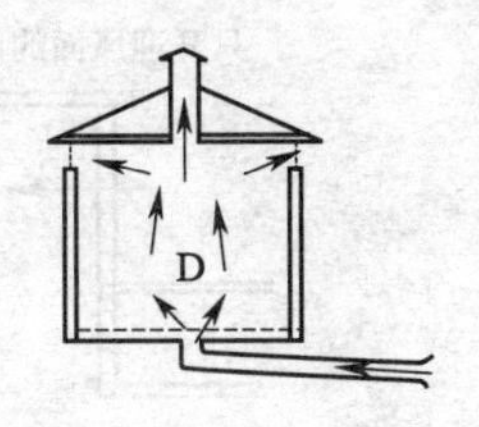

图 3-7 通风库的通风类型

A—屋顶烟囱通风；B—屋檐小窗通风；C—混合式通风；D—地道式通风

在排气烟囱的顶上安装风罩，当外界的风吹过风罩时，会对排气烟囱造成一种抽吸力，这又可进一步增大气流速度。这种类型的通风系统主要适宜于地上式通风库。屋檐小窗通风是把进气口和排气口都设在两侧屋檐下，根据当地风向将一侧小窗做进气口，另一侧小窗做出气口，冷空气从进气口进入库房后向下流动，库内热空气则向上流动从另一侧的出气口排出。混合式通风是综合了屋顶烟囱和屋檐小窗通风的特点，从而加强了通风效果。地道式通风进气口设在库底，冷空气通过地道进入库房，然后通过屋顶烟囱或屋檐小窗排出库外，这种通风方式可以充分利用夏季地道内气温低的特点来调节库内温度，但是自然通风效果较差，如果在排气口安装排气扇，可以达到提高通风效果的目的。

通风系统设置时应注意以下几点：

（1）通风面积一定时，进、排气口的高度差尽可能大些，这样可以提高通风效果，地下式通风库可以在地面设置比较高的排气筒。

（2）进、排气口要设置均匀，大约 5 ~ 6m 设置一对进、排气口，常用对角设置，目的是使各个部位都能通风。

（3）通风口的大小一般为 25cm × 25cm ~ 40cm × 40cm，通风口太小达不到通风效果，太大则影响库房的保温效果。

（4）进气口和排气口高度相同时要设置风道（见图 3-8）。方法是在通风口上建造风罩，四面设可以自由启闭的门。根据外界的风向，在风罩的不同方向开门，就可区分为进气口或排气口。

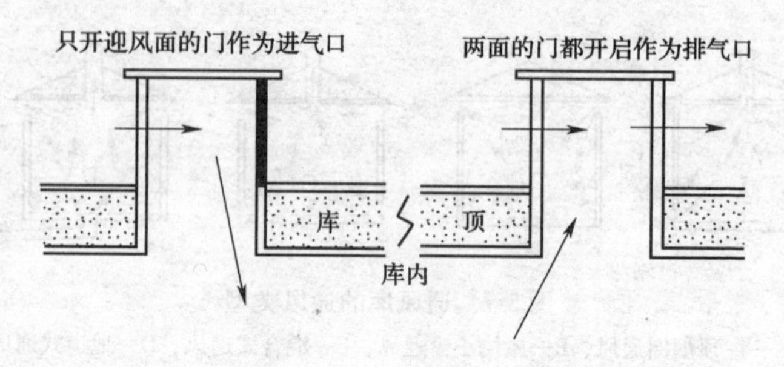

图 3-8　地下式通风库风道设置示意图

五、隔热结构

果品蔬菜贮藏中温度的稳定是至关重要的，为了维持库内稳定的贮藏适温，不受外界温度变动的影响，特别是为防止季节温差和昼夜温差的影响，通风库应有适当的隔热结构。隔热结构主要设置在库的暴露面上，尤其是通风库的四周的墙壁、顶棚及门等部分。

建造库墙、库顶的砖、石、水泥等建筑材料，以及墙外护覆的土壤，隔热性都很差，只能作为库的骨架和支承库顶重量，隔热结构还必须使用一定的隔热材料。通风贮藏库常用的隔热材料有稻壳、炉渣、膨胀珍珠岩、软木等（表 3-1）。静止空气的隔热性极好，因此用空心砖（其中的空气不会流动）砌墙也可以大大提高保温效果。

常用的隔热材料　　　　**表 3-1**

材料名称	导热系数 λ/[W/(m·K)]	防火性能
软木	0.05～0.058	易燃
聚苯乙烯泡沫塑料	0.029～0.046	易燃，耐热 70℃
聚氨酯泡沫塑料	0.023～0.029	离火即灭，耐热 140℃
稻壳	0.113	易燃
炉渣	0.15～0.25	不燃
膨胀珍珠岩	0.04～0.10	不燃

四周墙壁的隔热方法是建造夹层墙，外墙厚度37cm，内墙厚度25cm，中间夹层13cm，夹层内放入隔热材料如珍珠岩、稻壳等（见图3-5）。隔热材料吸收水分后隔热性能将大大降低，所以隔热材料最好用塑料袋包装后放入，或者在夹层墙内壁涂覆沥青、油毡防潮。

顶棚可以用木板制作，上面铺40～50cm厚的稻壳即可达到隔热的目的。

通风库的门一般用软木做隔热材料，厚度要求15cm，外面包上铁皮，库门向外开启。为了提高保温效果，里面最好挂上棉门帘。

六、通风库的管理使用

1. 库房的消毒

通风库库房的消毒需要在彻底清扫之后进行，所有能够移动、拆卸的部分最好都搬到库外进行日光消毒。库房消毒的方法主要包括：熏蒸法、喷洒法两种。

熏蒸法是用硫磺熏蒸，硫磺用量按照10～30g/m^3，熏蒸时将硫磺点燃，将进气口、排气口、门等通风系统封闭，两天后通风，将二氧化硫气体排出以后再使用。进行熏蒸消毒时，可将各种容器、架杆等一并放在库内进行消毒。

喷洒法一般使用1%的福尔马林，用量为3kg/100m^2，均匀喷洒后封闭一昼夜，然后通风使用。

使用完毕的筐、箱等容器，应随即洗净，再用漂白粉液或硫酸铜溶液浸泡，晒干备用。

2. 库房预降温

果品蔬菜入库前要先对库房进行预降温，使库体及库房内温度降至要求的温度。这项工作需要在果品蔬菜入库前一周进行，方法是夜间打开通风系统引进冷空气，白天关闭通风系统保温，以防库内温度回升。

3. 果品蔬菜的入库和摆放

不同种类的果品蔬菜贮藏时的温度、湿度及气体成分等指标一般不同，所以原则上一个库房只能贮藏一种果品蔬菜，不能混装。

果品蔬菜入库之前要先预冷，除去所带有的大量田间热，降低果品蔬菜的温度。方法是：将果品蔬菜放到阴凉处，白天覆盖上草苫子、麻袋等保温，夜间则将覆盖物打开通风降温。同时注意包装在塑料袋中的果品蔬菜预冷时要将袋口打开，否则袋内容易结露。

通风库内果品蔬菜的摆放方法主要有码垛和架藏两种。码垛时，地面要有间隔地垫上木板或砖块，要向库房两侧码垛，中间留出1.5m的走道，垛与墙要留大约10～15cm的间距，容器和容器之间也要留大约5cm的间距，其目的主要是有利于通风排出内部的热量。架藏就是在库房内打架，一般每隔40cm一层，架子要求和码垛一样，要与两侧墙有10～15cm的间距，中间留1.5m的走道，包装好的果品蔬菜可以直接摆放到每层架上。

入库时还要掌握以下两个方面的原则：一是果品蔬菜一次入库量不能超过整个库容的1/10，否则降温太慢；二是库内容量不要太大，要以通风为主，提高库容为辅。

4. 通风库的温度管理

秋季果品蔬菜入库初期，管理的主要任务是降温，方法是在夜间气温较低时将全部进气口、排气口以及门等通风系统打开，排除库内的热量。随着气温逐渐下降，应逐渐减少通风量。

进入冬季后，管理的主要任务是防冻。这个季节一般关闭全部进气口和排气口等通风系统不再通风，需要通风时也只能在白天中午气温比较高的时候进行短时间的通风。

到了第二年春季，管理的主要任务是防止温度回升，这时可以利用夜间气温比较低的时候进行通风以降低库内的温度。

5. 通风库的湿度管理

通风库的通风主要服从于温度要求，但通风不仅调节温度，也会改变库内的相对湿度。一般情况下通风量越大，库内湿度越低。所以贮藏初期和后期由于通风频繁，导致库内湿度降低，果品蔬菜脱水严重；而在气温比较低的冬季，因为一般不再通风，所以库内湿度较高，这样往往导致微生物生长繁殖，引起果品蔬菜的腐烂变质。

为了避免贮藏中不良现象的发生，贮藏初期和后期可以采取加湿的方法提高库内湿度，比如，在地面洒水，挂湿草帘、湿麻袋等；贮藏中期，为了降低库内湿度可以采取在白天中午气温比较高的时候进行短时间的通风，从而降低库内湿度，或者在库内放一些生石灰来吸收库内多余的水分。

6. 通风库的周年利用

通风库是永久性贮藏场所，应尽可能提高其利用率。以往通风库一般只用于贮藏秋季果品蔬菜，大约半年闲置，不能被充分利用。近年来各地大力发展夏季果品蔬菜贮藏，通风库得以周年利用。周年使用时在管理上应该注意两点：一方面是在果品蔬菜进库之前，做好库房的清扫、消毒和维修等工作。另一方面是要做好夏季的通风管理。为了尽可能使库内保持较低的温度，不致受到外界高温的影响而迅速上升，在高温季节应尽量减少在白天的开门次数，同时加强在夜间的通风降温。

第三节 机械冷藏库

机械冷藏库是指具有良好绝热结构和人工制冷系统的贮藏设施，它利用冷冻机来控制库内温度使其达到适宜、稳定的目的。机械冷藏库是当前城镇常用的贮藏方式，随着农村经济的不断发展和果蔬产地贮藏的要求，机械冷藏库将会越来越多的在农村得到应用。

一、机械冷藏库的设计

冷藏库的设计主要应考虑库址的选择，冷库的容量和形式，隔热材料的性质，库房及附属建筑的布局等问题。

1. 库址的选择

机械冷藏库的建造首先要考虑电力供应是否正常，因为冷冻机的正常运转是保证冷藏库内温度稳定的关键。其次，对于大型机械冷藏库还要考虑建库地址是否水源充足，因为大功率冷冻机必须要有冷却水。另外，还要考虑交通的方便、产区和市场的联系等因素。

2. 机械冷藏库的平面结构

机械冷藏库主要由库房和机房两部分组成。

根据贮藏量的多少，库房可以建成单个或多个。单个库房要在门口设缓冲间，多个库房一般建成双列式，中间设穿堂，每个库房不再单独设缓冲间。库房的底面要求高出地面 1m，库房的结构一般为长方形，常见的设计尺寸为长 18m，宽 12m，净内高 5m。当然也可以根据实际贮藏量对库房大小进行适当调整。库房门口或穿堂的一端要设月台，高度与库房底面一致，以便于汽车装卸。具体结构应该由具有相关资质的建筑专业人员进行设计。

机房主要用于安装机械制冷的设备，机房的位置要紧靠库房，以便制冷系统与库房相连。

除此之外，在设计冷藏库时，也要考虑到其他必要的附属设施，如工作间、包装整理间、工具存放间等的位置。

3. 机械冷藏库的隔热及防潮设置

(1) 隔热材料的选择

冷藏库建筑的一个重要问题是库房的保温问题，如果保温效果好，可以大大减少冷冻机的开机时间，从而节省能源。而库房的保温效果又取决于隔热材料的隔热性能，隔热材料种类很多，其隔热性能不是靠材料本身，而是靠内部截留的细微空隙中的空气。所有组织密致的固体其绝缘能力都很差，像金属材料传热特快，但如果将其制成充满封闭的气孔泡沫状的材料，也会具有良好的隔热性能。隔热材料的选择除了要求其具有重要的隔热性能外，最好还要具有下列的特性：

1）价格低廉；

2）质量较轻；

3）不吸潮；

4）耐腐蚀，不霉烂；

5）耐火耐冻；

6）便于使用；

7）没有异味，没有毒性；

8）保持原形不变，不下沉；

9）防虫鼠蛀食。

各种隔热材料的隔热性能是不同的，而且差异很大（见表3-1）。软木的隔热性能良好，密度小，不易吸水，一般应用于库门的保温；泡沫塑料有良好的隔热性能，比重小，吸水率低，如聚氨酯泡沫塑料，导热系数 0.023 ~ 0.029W/(m · K)，保温效果最好，目前在冷库建造中得到了普遍应用。

大型机械冷藏库一般根据各部位对隔热效果的要求不同采用不同的隔热材料，这样既满足了隔热需要，又节省了投资。

（2）墙壁及库顶隔热层的施工方法

1）现场敷设隔热层：以前我国各地多使用此法，现在很少使用。

2）采用预制隔热嵌板：预制隔热嵌板的两面是铝合金板或镀锌钢板，中间夹层是隔热材料，隔热材料大多使用硬质聚氨酯泡沫塑料。施工时将隔热嵌板固定于承重结构上，嵌板接缝通过灌注发泡聚氨酯来密封。这种方法的优点是施工简单，迅速，容易维修。

3）现场喷涂聚氨酯：使用移动式喷涂机，将异氰酸酯和聚醚两种材料同时喷涂于墙面，两者起化学反应而发泡，形成一定厚度的隔热层。这种方法的优点是库房各部分的隔热层属于一个整体而无接缝，施工速度快。

（3）冷藏库的地面隔热设置

贮藏果品蔬菜的冷藏库一般维持的温度在0℃左右，而地温经常在10～15℃。在这种情况下就有一定的地热不断释放到冷库中来，增加制冷系统的热负荷。为了减少这种热负荷，通常采用相当于5cm厚的软木隔热层进行隔热。

地面必须要有一定的承载能力以承受库房内贮藏的果品蔬菜的重量及搬运车辆的行动。如采用软木板作隔热材料时其上下须敷上7～8cm厚的水泥地面和地基，地基下层还要铺放炉渣、石子以利排水。图3-9是一般采用的地面隔热设置图解。

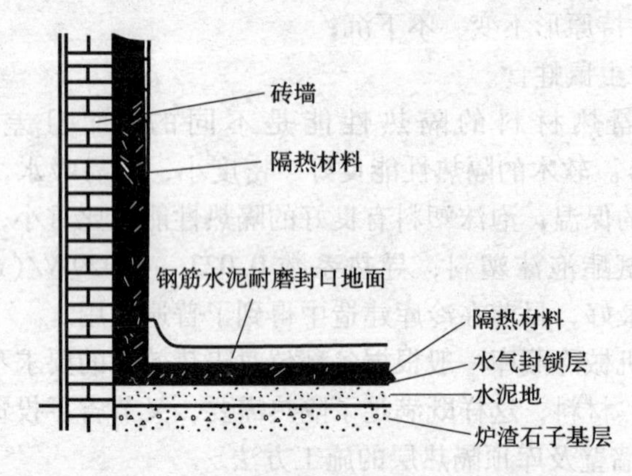

图3-9 冷藏库墙壁和地面结构示意图

（4）机械冷藏库的防潮设置

水的导热系数大，任何材料一经潮湿其隔热能力即大大降低，因此，冷库必须采取防潮措施。防潮方法有三种：

1）沥青防潮：利用加热法先铺一层沥青再敷设一层油毡。这种方法效果良好，安全可靠，但需要加热，施工不方便，并需要考虑其他材料的耐热性能。

2）塑料薄膜：用专用胶粘剂将聚乙烯薄膜粘合成连续的防潮层。这种方法不需要加热，施工简单，经济。

3）使用金属板兼作防潮层：在使用预制隔热嵌板建造的冷库，预制隔热嵌板既起隔热保护作用，也起防潮层的作用，可以不必另设防潮层。

（5）通风换气系统

冷库内贮藏果品蔬菜时，库内的气体成分必须适宜，当二氧化碳、乙烯等气体含量过高时，就要进行通风换气，所以库房要有排气口和进气口，以便排出有害气体，换入新鲜空气。进气口一般设在库房内靠近蒸发器的墙壁上，排气口则相应设在远离蒸发器的对面墙壁上，排气时要借助排气扇进行。

二、机械冷藏库的制冷系统

制冷系统主要由压缩机、冷凝器、贮液器、调节阀、蒸发器等几部分组成（见图 3-10）。

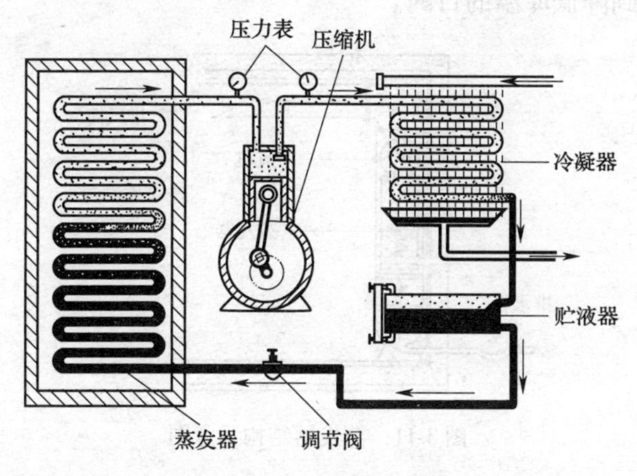

图 3-10　制冷系统示意图

1. 压缩机：一般为活塞式制冷压缩机，压缩机一方面不断吸收蒸发器内生成的制冷剂蒸汽，使蒸发器内成为低压状态；另一方面将低温低压的制冷剂蒸汽变成高温高压的制冷剂蒸汽，从而推动制冷剂在制冷循环过程中的循环。

2. 冷凝器：是主要的热交换设备，它可以将压缩机压缩后形成的高温高压的制冷剂蒸汽冷凝成高压的制冷剂液体，并把热量传递给周围的介质（水或空气）。大型冷库一般采用水作为冷却介质，小型冷库可以采用风冷。

3. 贮液器：是制冷剂贮备的场所，损失的制冷剂由此补充。

4. 调节阀：又叫膨胀阀，它安装在贮液器和蒸发器之间，用来调节进入蒸发器的制冷剂流量，同时使制冷剂从高压区进入到低压区。

5. 蒸发器：蒸发器安装在库房内（见图 3-11），其作用是吸收库房内的热量。制冷剂在蒸发器内因吸收热量而由液态变成气态（见图 3-10）。为了增强蒸发器的吸热速率，通常在蒸发器的上面安装风机，依靠风机将蒸发器内被冷却的空气排到库房的其他地方，同时将库内的热空气吸收到蒸发器内再进行热交换，从而达到降低库温的目的。

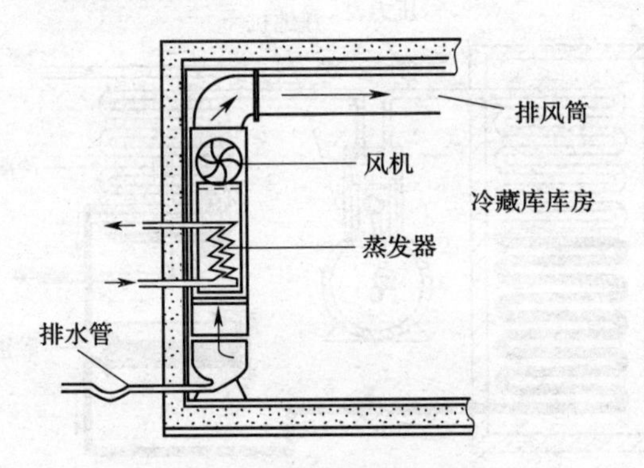

图 3-11　蒸发器结构示意图

在制冷系统中，制冷剂循环流动，通过其状态的变化吸收库内的热量，然后将热量排到库外。大型冷库制冷系统中所用制冷剂一般为液氨，小型冷库制冷剂以前主要使用氟利昂，由于氟利昂对大气臭氧层具有破坏作用，现在已改为无氟制冷剂，如：溴化锂、乙二醇等。

三、机械冷藏库的管理

1. 设备的检测与维修

机械冷藏库的温度控制是靠制冷系统来完成的，要想使冷藏库内的温度保持适宜稳定，必须保证制冷设备能够正常运转，这就需要在果品蔬菜贮藏之前，对制冷设备进行全面的检测和维修，开机之前还要加足制冷剂。这一工作一般在每年的四、五月份进行。

2. 库房的消毒

机械冷藏库的库房一般比较大，消毒时很少使用喷洒法，生产上常用硫磺熏蒸和福尔马林熏蒸。

硫磺熏蒸前必须首先对库房内的金属设备及金属贮藏架等喷涂油漆，因为硫磺燃烧后生成的二氧化硫溶于水后形成酸，对金属具有腐蚀性。熏蒸时硫磺用量为 $10g/m^3$，点燃后封闭库房一昼夜，然后通风排出库内的二氧化硫。

用福尔马林熏蒸时，一般使用 36% 的甲醛溶液，用量为 $12 \sim 15mL/m^3$，封闭库房一昼夜后通风使用。

3. 库房预降温

库房预降温是为了除去库房（包括墙壁、地面和库顶）及库房内的设备等所含有的热量，同时使库内蓄积一定的冷量，有利于产品入库时迅速降温。这一工作一般在果品蔬菜入库前一周进行，降温时速度不要太快，利用大约 3 天时间将库温降至 0℃。缓慢降温的目的是为了防止墙壁和地面骤然降温后出现裂缝，导致库房漏热。

4. 产品入库和摆放

果品蔬菜入库前如果进行了预冷，并达到了贮藏要求的温度，可以一次性入库。如果没有进行预冷，就应该分批分期的入库，每次入库量不能太多，以免引起降温缓慢甚至不能降温。未预冷的果品蔬菜第一次入库量以不超过总库容的 1/5 为宜，以后每次入库量逐次减少，以不导致库内温度剧烈波动为宜。

果品蔬菜的摆放方法与通风库相似，主要有码垛和架藏两种。码垛时，地面要有间隔地垫上木板或砖块，要向库房两侧码垛，中间留出 1.5m 的走道，垛与墙要留大约 10 ~ 15cm 的间距，垛的高度必须低于排风筒 30 ~ 40cm，容器和容器之间也要留大约5cm的间距，其目的主要是有利于内部热量的散出。架藏就是在库房内打架，一般每隔40cm一层，架子要求和码垛一样，要与两侧墙有10~15cm的间距，最上层距离排风筒30~40cm，中间留1.5m的走道，包装好的果品蔬菜可以直接摆放到每层架上。

5. 温度控制

温度是果品蔬菜贮藏中的一个关键因素，低温可以抑制果品蔬菜的呼吸，减少果品蔬菜中营养物质的损失，延长贮藏期限。同时，低温还可以抑制微生物的生长繁殖，从而减少果品蔬菜的腐烂变质。但是温度并不是越低越好，每种果品蔬菜都有自己适宜的贮藏温度（见表3-2），低于这个温度就会导致低温伤害。比如四季豆、黄瓜、茄子、甜瓜、甜辣椒等在0~7℃（冰点以上）就会发生冷害，出现斑点、表面腐烂和内部褐变等现象。绿番茄在10℃以下就会发生冷害，有的冷害在库内时表现不明显，移出冷藏库后才表现出来。

常见北方果品蔬菜的贮藏条件　　表3-2

种类	温　度	相对湿度	种类	温　度	相对湿度
苹果	-1.0~4.0℃	90%~95%	芦笋	0~2.0℃	95%~100%
杏	-0.5~0℃	90%~95%	青花菜	0℃	95%~100%
草莓	0℃	90%~95%	大白菜	0℃	95%~100%
酸樱桃	0℃	90%~95%	胡萝卜	0℃	98%~100%
甜樱桃	-1.0~-0.5℃	90%~95%	菠菜	0℃	95%~100%
无花果	-0.5~0℃	85%~90%	芹菜	0℃	95%~100%
葡萄	-1.0~-0.5℃	90%~95%	黄瓜	10.0~13.0℃	95%
猕猴桃	-0.5~0℃	90%~95%	茄子	8.0~12.0℃	90%~95%
油桃	-0.5~0℃	90%~95%	大蒜	0℃	65%~70%
桃	-0.5~0℃	90%~95%	生姜	13℃	65%
中国梨	0~3℃	90%~95%	蘑菇	0℃	95%
西洋梨	-1.5~-0.5℃	90%~95%	洋葱	0℃	65%~70%

续表

种类	温　度	相对湿度	种类	温　度	相对湿度
柿子	-1.0℃	90%	青椒	7.0~13℃	90%~95%
马铃薯	3.5~4.5℃	90%~95%	番茄（绿熟）	10.0~12.0℃	85%~95%
萝卜	0℃	95%~100%	番茄（硬熟）	3.0~8.0℃	80%~90%

机械冷藏库内温度的波动常常会导致果品蔬菜水分的过分蒸发，对于有塑料薄膜袋包装的果品蔬菜则很容易出现结露现象。因此，贮藏中温度的波动应尽可能的小，最好能控制在±0.5℃以内。

冷藏库温度的控制一般是根据对库房内温度的监控，通过人工或自动控制系统控制制冷系统的运行。

6. 相对湿度的控制

相对湿度表明在某一定温度下空气中水蒸气的饱和程度。库房内空气的相对湿度越低则其吸收水蒸气的能力就越强，新鲜果品蔬菜在此情况下失重也就加快。为了保持果品蔬菜的新鲜状态，贮藏库中要维持一定的相对湿度。大多数果品蔬菜通常需要保持相对湿度在80%~95%（见表3-2）。

冷藏库中应安装测定湿度的仪表，以便了解库内的湿度情况。常用的湿度计是干湿球温度计，根据干湿球的温差查表得出相对湿度。当库内相对湿度过低时，可以用在地面洒水、空气喷雾等方法增湿；当库内湿度过高时，可以在库内放生石灰等吸潮，也可以通过库房的通风达到排湿的目的。

7. 冷藏库的通风换气

通风换气是冷藏库管理的一个重要环节。贮藏过程中果品蔬菜会不断吸入氧气，呼出二氧化碳，同时还会释放出乙烯等有害气体。当库内氧气浓度太低、二氧化碳及乙烯等气体浓度太高时就要对库房进行通风换气。通风换气的次数因果品蔬菜的种类及贮藏量不同而异，通风间隔时间从 7 天到 1 个月不等。

通风换气最好在库内外温度差别较小时进行，以免引起库内温度的剧烈波动。一般气温较高的夏季选择在凌晨 2:00 ~4:00 进行，同时打开风机降温以保证库内温度的稳定；气温较低的冬季则选择在白天中午气温比较高的时候进行。通风时要求做到充分彻底。

第四章 养殖场的规划布局

养殖场是从事畜禽养殖生产的主要场所，无论是当前广泛采用的大中型集约化养殖场，还是农户分散养殖的小型养殖场，场区和畜禽舍都是养殖畜禽进行生产、提供产品的重要外界环境条件，而这个环境条件的好坏，直接影响到所饲养畜禽的生长、生产，从而影响养殖的经济效益。因此，建设一个养殖场，必须从整个场地的规划和布局进行综合的考虑，合理设计，为所饲养的动物创造一个良好的生产环境，让其创造最高的经济效益。

一、场址的选择

1. 地形地势

作为养殖场的场地，要求地形开阔、整齐，有足够大的面积，以利于合理布置场内建筑物和各种生产、生活设施。如地形狭长，建筑物布局势必拉大距离，使道路、管线等加长，增加建设成本；而地形不规则或边角过多，则导致建筑物布局凌乱，且边角部分难以利用。

地势指场地的高低起伏状况。总体上，畜禽养殖场的场地应选择在地势较高、干燥平坦且排水良好的地方，最好有2%～3%的坡度，避免选用低洼潮湿的地区。平原地区建场要选择比周围稍高的地方，以利于排水防涝；山区建场则应选在向阳的平缓坡上，总坡度不超过25%，场内建筑区坡度要控制在2.5%以内，同时要避开坡底、山谷和风口，防止受山洪及暴风雪的侵袭。

2. 水源水质

养殖生产过程中需要大量的水，而水质的好坏直接决定着场内人、畜的健康，因此，养殖场选址时需要考虑水源的问题。总体要求是水量充足、水质良好，同时便于取用和消毒防护。水量必须能满足场内生活用水、畜禽饮用及饲养管理用水（如调制饲料、冲洗猪舍、清洗用具等）。一般，建议养殖场内有自己的水源，以确保生产过程中的供水，但是对于因水质不良而发生过地方性疾病或水源不符合饮用水标准的地区，需经净化消毒处理后才能采用。

3. 土壤条件

要求土壤未被生物学、化学、放射性物质污染过，而且尽量避免选用土壤颗粒细的黏土和颗粒较大的砂土地区建场，因为黏土透气性差，降水后很容易泥泞、潮湿，而且受到粪尿污染后消毒工作难做，砂土则由于热容量小，造成场区昼夜温差大。介于二者之间的砂壤土最适合场区建设，但在很多地区，选择理想的土壤条件很不容易，需要在设计、建造和日常管理中采取措施，弥补土壤的缺陷。

4. 场地面积

养殖场的占地面积应根据初步设计确定的面积和长宽尺寸来选择，尚未作出初步设计时，需要根据畜禽的种类、饲养管理方式、集约化程度和饲料供应情况（自给或购进）等因素确定，可通过表4-1的推荐值估算。

畜禽养殖场所需场地面积估算表　　表4-1

	饲养规模	占地面积（m^2/头）	备注
奶牛场	100~400头成乳牛	160~180	
肉牛场	年出栏育肥牛10 000头	16~20	按年出栏量计
种猪场	200~600头基础母猪	75~100	
商品猪场	600~3 000头基础母猪	5~6	
绵羊场	200~500只母羊	10~15	
奶山羊场	200只母羊	15~20	
种鸡场	10万~50万只种鸡	0.6~1.0	
蛋鸡场	10~20万只产蛋鸡	0.5~0.8	
肉鸡场	年出栏肉鸡100万只	0.2~0.3	按年出栏量计

注：引自李如治主编《家畜环境卫生学》，北京：中国农业出版社，1990。

5. 社会条件

场址选择既要掌握养殖场煤、电等能源利用的便利和饲料采购、生猪销售的就近原则，同时应考虑养殖生产不受外界环境的影响，而且养殖场也不能成为周围社会环境的污染源。一般的，养殖场与居民点的距离应不少于300～500m，距其他畜牧场不少于150～300m，距国道和铁路不少于400m，距省道不少于200m，距地方公路不少于50m。建议养殖场专设一段通往场区的道路，不与其他道路共用。

二、功能分区及规划

具有一定规模的养殖场，通常根据生产功能将场区分为管理区、生产区和粪污处理与隔离区。进行场地规划时，主要考虑人、畜卫生防疫和工作方便的角度考虑，根据场地地势和当地全年主风向安排各区（见图4-1）。

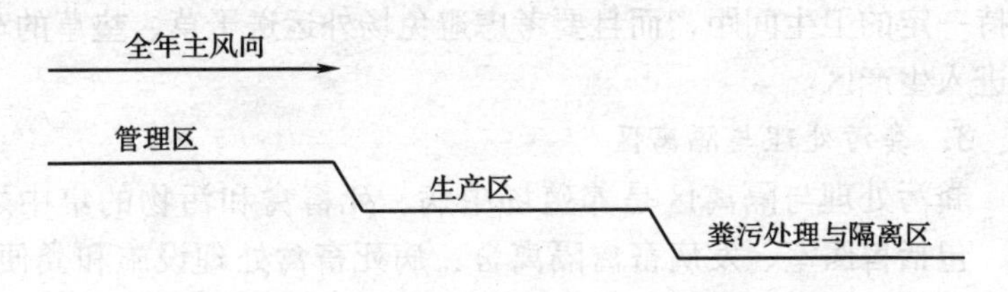

图4-1　场区按地势、主风向分区规划示意图

1. 管理区

包括办公室、饲料加工车间、料库、配电室、水塔、宿舍、餐厅等，是养殖场管理和进行经营活动的主要场所，应设置在全场的上风向和地势较高的地区，如果地势和主风向不一致时，以风向为主。由于此区与养殖场的日常饲养工作有密切的关系，设计时应与生产区毗邻。

2. 生产区

生产区是养殖生产的核心区域，是从事畜禽养殖的主要场所，包括各类畜禽舍和生产设施，一般建筑面积约占全场总建筑面积的70% ~80%，应设置在养殖场的中心地带。

自繁自养场应将种畜禽、幼畜禽与商品畜禽分开，设在不同的地带，分区饲养管理。通常将种畜禽、幼畜禽设在防疫比较安全的上风处和地势较高处，然后一次为青年群和商品群。以自繁自养猪场为例，猪舍的布局应根据主风向和地势由高到低的顺序，依次设置种猪舍、产房、保育猪舍、生长猪舍、育肥猪舍。

生产区内与饲料有关的建筑物，如饲料调制、贮存间和青贮塔（沟），原则上应设在生产区的上风向和地势较高处，同时要与各畜禽舍保持方便的联系。设置时还要考虑与饲料加工车间保持最方便的联系。青贮塔（沟）的位置既要便于青贮原料从场外运入，又要避免外面车辆进入生产区。

由于防火的需要，干草和垫草的堆放场所必须设在生产区的下风向，并与其他建筑物保持60m的防火间距。由于卫生防护的需要，干草和垫草的堆放场所不但应与堆粪场、病畜禽隔离舍保持一定的卫生间距，而且要考虑避免场外运送干草、垫草的车辆进入生产区。

3. 粪污处理与隔离区

粪污处理与隔离区是养殖场中病、死畜禽和污物的集中之地，包括兽医室、发病畜禽隔离舍、病死畜禽处理设施和粪便、污水储存及处理设施等，是卫生防疫和环境保护工作的重点，应设置在全场的下风口和地势最低处。另外，为了运送粪尿等污物出场，此区最好设置不与生产区共用的专门出口和道路。

三、建筑物的位置

确定建筑物的位置时，主要考虑它们之间的功能关系和卫生防疫要求。在安排场内建筑物与设施的位置时，应将相互有关、联系密切的建筑物和设施，相互靠近安置，以便于生产联系。例如，养猪生产的工艺流程一般是种猪配种→妊娠→分娩、哺乳→育成→育肥→上市，因此，应按照种公猪舍、空怀母猪舍、妊娠母猪舍、产房、断奶仔猪舍、育肥猪舍、装猪台等建筑物和设施，顺序靠近安排；考虑卫生防疫要求时，应根据场地地势和当地全年主风向，尽量将办公和生活用房、种猪、仔猪安置在上风向和地势较高处，生产猪群则可置于下风向和相对较低处，病猪和粪污处理设施等置于最下风向和地势最低处。

四、建筑物的排列

场内建筑物一般设计成东西成行，南北成列。只要场地条件允许，就尽量将建筑物排列成方形或近似方形，尽量避免横向狭长或竖向狭长的布局，防止加大饲料、粪污运输距离，道路和管线加长，建场投资增加。一般，畜禽舍可根据场地的形状、畜禽舍地数量和长度，布置成单列式、双列式和多列式（见图4-2）。

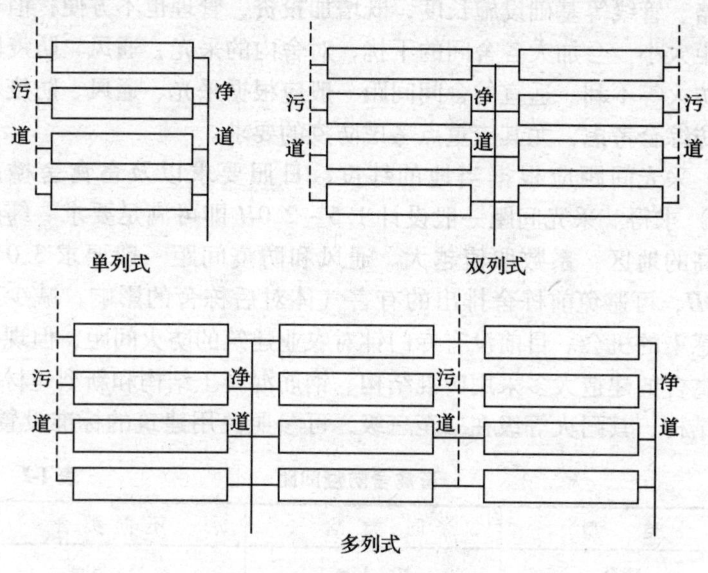

图4-2　畜禽舍的排列方式

1. 单列式

单列式布置使场区的净污道分工明确，但会造成道路和管线过长，增加建设成本，适合小规模和受场地狭长限制的场区设置，场地足够宽阔的场区不宜采用。

2. 双列式

双列式布置是养殖场中最常用的布置方式，它很好地保证了场区净污道分流明确，而且缩短道路和管线的长度，节约建造成本。

3. 多列式

多列式布置一般用在大型的养殖场中，小规模场不建议采用。此种布置方式需要重点解决场区道路的净污道分流问题，避免因线路交叉引起互相污染。

五、建筑物的间距

畜禽舍间距过大，会造成占地太多、浪费土地，而且会增加道路、管线等基础设施长度，既增加投资，管理也不方便；但若间距太小，会加大各舍间的干扰，对舍内的采光、通风、防疫以及防火等不利。适宜的舍间间距一般应根据采光、通风、防疫和消防综合考虑，尤其应重点考虑防疫的要求。

采光间距应根据当地的纬度、日照要求以及畜禽舍檐高（H）求得。采光间距一般设计 1.5～2.0H 即可满足要求。纬度越高的地区，系数取值越大。通风和防疫间距一般要求 3.0～5.0H，可避免前栋舍排出的有害气体对后栋舍的影响，减少互相感染的机会。目前没有专门针对农业建筑的防火间距，但现代畜禽舍的建造大多采用砖混结构、钢筋混凝土结构和新型建材围护结构，其耐火等级在二至三级，可参照民用建筑的标准设置。

畜禽舍防疫间距 **表 4-2**

类　型	同 类 舍	不 同 类 舍
猪舍	10～15m	15～20m
牛舍	12～15m	15～20m
商品蛋鸡舍	10～15m	15～20m
商品肉鸡舍	10～15m	15～20m

注：参照李保明主编《家畜环境与设施》，北京：中央广播电视大学出版社，2004。

耐火等级为三级和四级的民用建筑间最小防火间距是8m和12m，所以畜禽舍的间距如在3.0~5.0H之间，可以满足上述各项要求。

六、场内道路

场内道路要求保证各生产环节最方便的联系，道路尽可能的短而直，以缩短运输路线。路面应符合坚实、排水良好的原则，可选用柏油、混凝土、砖、石和焦渣等材料。道路宽度要适当，一般与场外相连的道路宽3~5m，生产区道路宽2~3m，同时在道路两侧留出绿化和排水明沟所需位置。生产区道路应区分运送饲料、产品的净道和运送粪污、病、死畜禽等的污道，二者严格分开，分流明确，尽可能的互不交叉。

七、排水设施

一般场区的排水设施可在道路的两侧或一侧设置明沟，沟壁和沟底可用砖、石，也可直接开挖梯形或三角形沟渠，但最好将土夯实，并结合绿化固坡，防止塌陷。为防止污染环境和增加污水处理成本，养殖生产过程中产生的污水应与场内排水系统分开，二者不能连通或共用管沟。一般，生产污水应采用暗埋管沟的方式排放，可结合地势采用斜坡式排水管沟，但如果暗埋管沟超过200m，中间应增设沉淀井，以免污物淤塞，影响排水。

八、绿化

养殖场周围及内部植树、种草绿化，不仅可以起到遮阳降温的作用，而且对于减少场内灰尘、病菌数量，降低外界噪声的影响等都有很好的作用。在进行场地规划时，需要考虑绿化的问题，一般应包括防风林、隔离林、行道绿化、遮阳绿化及绿地等。

防风林应设在冬季上风向，沿围墙内外设置，最好是落叶树和常绿树搭配，高矮树种搭配。隔离林主要设在场内分区之间及围墙内外，夏季上风向的隔离林，应选择树干高、树冠大的乔木。行道绿化指道路两旁和排水沟边的绿化，起路面遮阳和排水沟护坡的作用。遮阳绿化一般设于畜禽舍南侧和西侧，或设于运动场周围和中央，一般应选择树干高而树冠大的落叶乔木，以防夏季阻碍通风和冬季遮挡阳光。对于开放式和半开方式猪舍，遮阳绿化也可以在畜禽舍及运动场上方搭架种植藤蔓植物，但必须注意夏季及时修剪，冬季及时清除架上枯叶茎蔓，以防过密挡风或遮光。

第五章　猪 场 建 设

第一节　猪舍的选型

猪舍的作用是为猪的生长、生产提供一个舒适的环境，不同类型的猪舍其内部的环境条件不同，如温度、湿度、光照、空气质量等都会因猪舍形式不同而产生较大的差别，而且不同类型的猪舍对于人为调控舍内环境的程度和设施要求也有很大的不同。因此，生产中需要根据不同生长阶段猪的需求以及各地的气候条件，合理的确定适宜的猪舍类型。

按猪舍外墙、门、窗、屋顶等封闭程度的大小及建筑、组装方式，可将其分为开放式、半开放式、密闭式和拆装式四类。

一、开放式猪舍

开放式猪舍一面（南面）无墙而完全敞开，另三面有墙，用运动场的围墙或围栏关拦猪群；或者四面皆无墙，只有屋顶，外加一些栅栏式围栏或猪的栓系设施。该类型猪舍的特点是独力柱承重，不设墙或只设栅栏或矮墙，结构简单，造价低廉，自然通风和采光效果好，猪舍内能获得充足的阳光和新鲜空气，而且猪能可以自由的到运动场活动，有益于猪的健康成长；但是其保

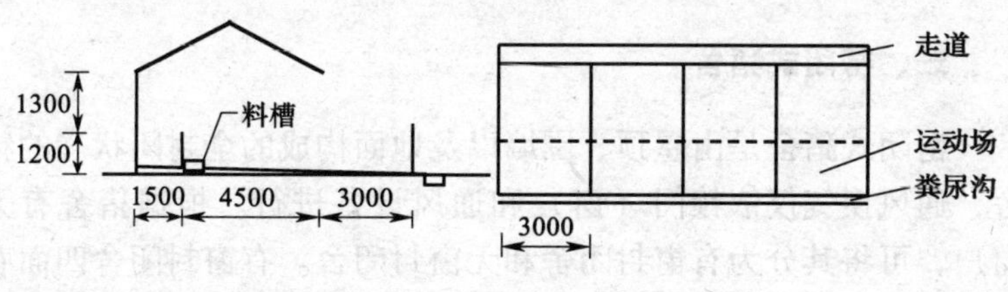

图 5-1　开放式猪舍

温性能差，舍内昼夜温差较大，不利于保温防暑控制。一般只能在炎热地区采用或者作为炎热地区临时装配的暂时性简易猪舍使用。

二、半开放式猪舍

半开放式猪舍三面有墙，一面（南面）仅有下部半截墙，上半部完全敞开，设运动场或不设运动场。其开敞部分在冬季可加以遮挡形成封闭舍，因此半开放式猪舍介于封闭式和开放式猪舍之间，较好的克服了二者的缺点。由于其一面墙为半截墙、跨度小，因而通风换气良好，白天光照充足，一般不需要人工照明、人工通风和人工采暖设施，基建投资较小，运转费用较低，但通风不如开放式猪舍好，而且舍内环境受外界影响依然较大。适合于冬季不太冷而夏季又不太热的地区（1 月份气温在 5℃以上的温暖地区）部分猪舍使用。为了提高使用效果，可在后墙开窗，夏季加强空气对流，提高防暑能力，冬季关闭后墙窗子，并将南墙敞开部分加挂草帘或塑料布等，可明显提高其保温性能。

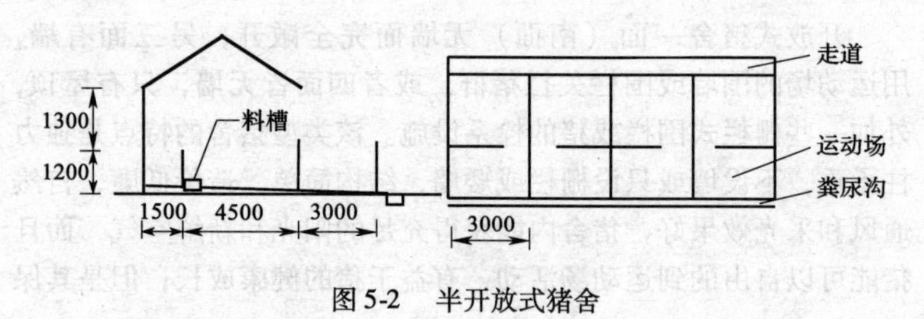

图 5-2　半开放式猪舍

三、密闭式猪舍

密闭式猪舍是由屋顶、围墙以及地面构成的全封闭状态的猪舍，通风换气仅依赖门（窗）和通风设备进行。根据猪舍有无窗户，可将其分为有窗封闭舍和无窗封闭舍。有窗封闭舍四面有墙，长墙上设窗，可开窗进行自然通风和光照，也可辅以机械通风或关窗完全进行机械通风，造价相对较低，但对环境的控制能力有限，需要做好墙体、屋顶及地面的保温隔热设计，适合我国绝大部分温暖地区的产仔舍和保育舍以及北方寒冷地区的各类猪舍。无窗封闭舍也称“环境控制舍”，四面设墙，墙上无窗，进一步提高了猪舍的密闭性和与外界的隔绝程度，冬季保温性能好，受舍外气候变化的影响小，舍内环境可实现自动控制，但其通风、光照、供暖、降温、排污、除湿等均需依靠设备完成，投资大，对于电的依赖性大，适合于资金相对较充裕，机械化程度较高的大、中型集约化养殖场。

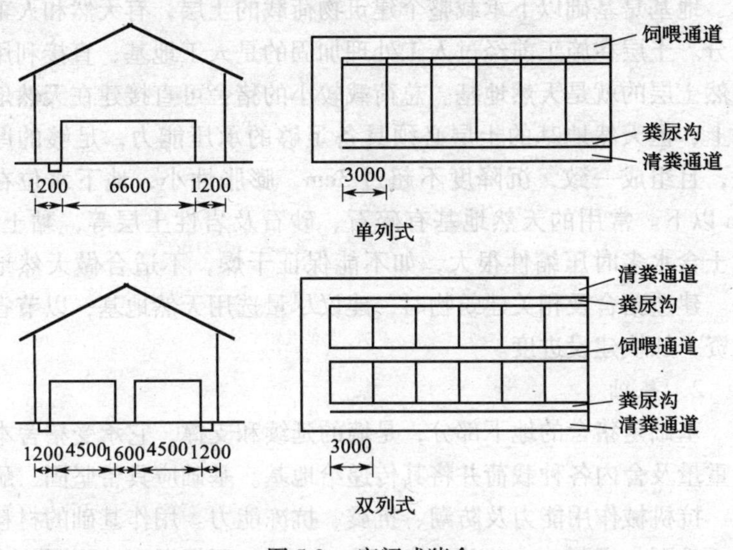

图 5-3　密闭式猪舍

四、拆装式猪舍

拆装式猪舍是近些年随着建筑材料品种的不断增加新发展起来的一种新型猪舍，其围墙、屋顶、窗等结构可部分或全部拆卸和组装，还可以根据各地不同的气候特点，将猪舍改变成所需的类型，十分有利于利用自然条件调控猪舍内环境，而且猪舍规格统一，外观整齐，场区环境好。

第二节 猪舍的基本结构及建造要求

一、地基和基础

地基和基础是猪舍的地下部分，为上部结构服务，共同保障猪舍的坚固和安全。因此，要求其必须具备足够的强度和稳定性，防止猪舍因下沉过大和不均匀下沉而引起裂缝和倾斜。

1. 地基

地基是基础以下承载整个建筑物荷载的土层，有天然和人工之分。土层在施工前经过人工处理加固的是人工地基，直接利用天然土层的就是天然地基。总荷载较小的猪舍可直接建在天然地基上，但天然地基的土层必须具备足够的承压能力，足够的厚度，且组成一致，沉降度不超过3cm，膨胀性小，地下水位在2m以下。常用的天然地基有碎石、砂石及岩性土层等，黏土、黄土含水多时压缩性很大，如不能保证干燥，不适合做天然地基。建造猪舍及相关建筑物时，建议尽量选用天然地基，以节省投资，加快建设进度。

2. 基础

基础是猪舍的地下部分，是墙的延续和支撑，它承受猪舍本身重量及舍内各种载荷并将其传递给地基。基础应具备坚固、耐久、抗机械作用能力及防潮、抗震、抗冻能力。用作基础的材料包括毛石、机制砖、碎砖三合土及灰土等，可根据当地不同的地基和建筑材料情况分别选用。

二、地面

猪的生活习性决定了其躺卧和睡眠的时间占到80%左右，而地面是猪直接从事休息、活动及生产的场所，在很大程度上决定了舍内的卫生状况和猪体表的清洁，甚至影响猪的健康和生产力。因此，猪舍地面的要求较高，应具备以下基本条件：①平坦、有一定弹性、不硬、不滑；② 耐腐蚀，易于冲洗和消毒；③ 保温，易干燥，不透水，能保证粪、尿水和冲洗用水及时排走，不渗入土层；④ 造价低廉，坚固耐用。

当前，国内猪场多采用混凝土地面，存在着冷、潮、硬等阻碍生长的不利因素，而且地面的保温、干燥等均不十分理想。土地面、三合土地面、木地面、砖地面等，虽然具有较好的保温性能，但不坚固，易吸水，不便于冲洗、消毒。因此，在设计、建造地面时可根据不同生长阶段猪的需要，选择不同的建筑材料或几种方式结合进行。如使用混凝土地面，可配合在混凝土层下用垫炉渣、膨胀珍珠岩、空心砖等保温材料进行保温设计，用油毡、沥青等进行防潮设计。

目前，也有部分地区采用建造“节能型”地面的方式解决以上问题，具体做法是：挖开猪舍地面25～30cm，用人工夯实素土；用炉渣、废石灰约各半拌匀后，均匀垫在素土层上，夯实后约20～25cm；取较厚的无毒薄膜，平埔在炉渣、废石灰垫层上，作为防潮层；最后用胶凝材料、砂、锯木屑、防水剂按比例混匀后做中间层，刮平后约3～5cm，凝固后即可应用。

三、墙体

墙体是猪舍的主要维护结构和称重结构，对保温、隔热起着很重要作用。要求墙体具备：坚固耐用、抗震、防水、防火抗冻，便于清扫、消毒，并有良好的保温隔热性能。常用的墙体建筑材料主要有土、砖和石等。近年来，随着各地实心黏土砖等浪费土地资源的旧建筑材料逐步被限制使用，许多新型建筑材料如金属铝板、装配式轻型钢结构和隔热材料等大量出现，已经用于各类畜舍建筑中。用这些材料建造的畜舍，不仅外形美观，性能好，而且造价也不比传统的砖瓦结构建筑高多少，是未来畜舍建筑的发展方向。

四、屋顶

屋顶是猪舍顶部的称重和维护结构，是猪舍散热最多的部位，对于舍内的冬季保温和夏季隔热都具有重要的意义。屋顶除了要求防水、保温和承重之外，还要求不透气、光滑、防火、结构简单、便于清扫消毒。在农村小型养猪场多采用传统的草屋顶或瓦顶，加设天棚、铺加锯木、炉渣等保温材料，与墙体材料更新相同，也有采用彩色钢板和保温夹心板作为屋顶或采用加气混凝土板、玻璃棉、膨胀珍珠岩等作为屋顶的保温层。

屋顶的形式种类繁多，各地可根据不同的气候特点和建筑材料的情况合理选用，常见的有以下几种形式：

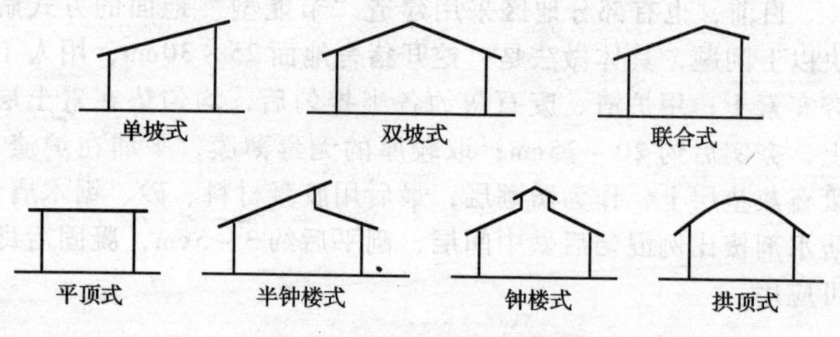

图 5-4　猪舍屋顶的主要形式

1. 单坡式

屋顶只有一个坡向，跨度较小，结构简单，造价低廉，可就地取材。采光充分，舍内光照充足、干燥，但净高较低不便于舍内操作，而且不利于冬季保温，多用于单列式猪舍和小规模猪群。

2. 双坡式

双坡式屋顶是目前我国应用最广泛的猪舍屋顶形式之一，有利于保温和通风，易于修建，适用于跨度较大的猪舍和各种不同规模的猪群。

3. 联合式

在屋顶前缘增加一个短椽，与单坡式屋顶相比，采光略差，但保温能力大大提高，适用于跨度较小的猪舍。

4. 平顶式

随着新型建筑材料的大量出现，平屋顶越来越多地被采用。其特点是可节省大量木材，并可充分利用屋顶平台，但屋顶的防水问题比较难解决，一般需要采取油毡和沥青或其他可靠的防渗漏措施。

5. 钟楼式和半钟楼式

钟楼式和半钟楼式屋顶是在双坡式屋顶增设双侧或单侧天窗的屋顶形式，以加强通风和采光，主要在我国南方炎热地区应用较多，适用于跨度较大的猪舍，但其不利于防寒，而且屋顶结构复杂，造价较高。

6. 拱顶式

是一种省木料、省钢材的屋顶形式，造价较低，但保温隔热效果差，夏季高温时，舍内闷热，不利于猪的健康生产和工人工作。

五、门窗

猪舍门的主要作用是交通和分割房间，有时兼有采光和通风的作用。舍内供人出入的门一般高2.0～2.4m，宽0.9～1.0m，如需手推车等进出，宽度可设计为1.4～2.0m。一般，开放式猪舍运动场前墙设门，半开放式猪舍则在与运动场的隔墙上设门，封闭式猪舍在饲喂通道侧设门，高度为0.8～1.0m，宽0.6m左右。所选用的门要求坚固、耐用，尤其是种猪舍要特别加固。舍内的门一律向外开，且门上不能有尖锐突起物，不设门槛和台阶，舍内外道路以坡道相连。

猪舍窗户的主要作用是采光和通风，同时还具有分割和围护的作用。窗地面积大，采光多、换气好，但是冬季散热和传热也相应地增多，对保温和防暑非常不利，因此设计猪舍窗户的大小、位置、形状和数量等，应综合考虑各地不同的气候条件和不同猪群的要求，合理设计。

六、其他结构和设施

1. 粪尿沟

粪尿沟一般设在猪栏墙壁的外侧，要求平滑、不透水，沟底沿流动方向有1% ~2%的坡度，以利尿液、污水流向粪尿池。采用漏缝地板的猪舍，粪尿沟设在漏缝地板的下面，宽度根据漏缝地板的尺寸确定；不用漏缝地板的猪舍，粪尿沟宽度可设计为0.3 ~0.4m，最深处0.25m，顶部用漏缝盖板或铁篦子覆盖。

2. 天棚

天棚的主要功能是加强猪舍冬季的保温和夏季的隔热，同时也有利于通风换气。常用的天棚材料有胶合板、矿棉吸声板等，也可用草泥、芦苇、草席等，在天棚上铺设足够厚度的保温层，可以有效地起到保温、隔热的作用。

第三节　舍内设施及配套设备

一、猪栏

猪栏是现代化养猪的基本生产单位，它为猪的活动和生长、生产提供了场所，同时也便于饲养人员的日常管理。按猪栏的构造不同，可将其分为砖砌栏、栅栏和综合栏三种。一般小型猪场和农村养殖户多采用砖砌栏，其特点是坚固耐用，耐酸碱，造价低廉，但是占地面积大，其易形成通风死角，影响舍内空气流通。栅栏一般用25 ~30mm钢管或12 ~15mm钢筋焊接而成，其优点是能透风、透光，便于清扫和消毒，缺点是造价高，较不耐腐蚀，一般为大中型猪场采用，小型猪场和农村养殖户可根据情况选用做运动场的围栏。综合栏是砖砌栏和栅栏的结合，有两种不同的形式，一种是猪栏的走道面采用金属栅栏，两猪栏之间采用砖砌栏；另一种是猪栏下部采用砖砌结构，上部采用金属栅栏。这两种形式兼具了砖砌栏和栅栏的优点，且一定程度上克服了上述两种的缺点，中、小型猪场和农村养殖户可广泛采用。

现代化养猪生产中，多是根据饲养猪的种类或生产阶段对猪栏进行分类，不同种类或阶段的猪群选用不同的猪栏，具体包括公猪栏、空怀母猪栏、配种栏、妊娠母猪栏、分娩栏、仔猪培育栏、育成育肥栏等。

1. 公猪栏、配种栏、空怀母猪栏

公猪栏用于饲养公猪，一般采用单栏饲养，面积约6~9m²，栏高1.2m左右，并在公猪舍外设置运动场，以防止公猪过肥。

配种栏主要用于配种，其结构基本与公猪栏相同，但猪栏面积需适当加大，栏内安装母猪配种架，供配种时用。配种栏也可用于平时饲养公猪，或将公猪栏和配种栏合而为一，直接以公猪栏代替配种栏，但由于公猪栏内不设配种架，配种时母猪不定位，操作不是很方便，而且配种时对相邻的其他公猪干扰比较大，因此，有条件的猪场最好单独设置配种栏。

空怀母猪栏一般与公猪栏和配种栏设置在同一猪舍或相邻猪舍内，与公猪栏隔通道相对配置或与公猪栏相邻配置，多采用群饲，也可单栏饲养。群饲时，3~5头母猪共用一个猪栏，猪栏面积与公猪栏相近。

2. 妊娠母猪栏

常用的妊娠母猪栏主要有三种形式：单体栏、小群栏和群养单饲栏。

单体栏一般由金属材料焊接而成，尺寸可根据所饲养不同品种猪的个体大小和采食长度而定，一般栏长2.0m左右，宽0.6m左右，高1.0m左右，前后均可设置栏门（见图5-5）。母猪整个空怀期、妊娠期均可采用单体栏限位饲养，其优点是每头猪的占地面积小，喂料、观察和管理都较方便，而且可避免妊娠母猪采食不均和相互争斗，利于控制妊娠母猪膘情和减少机械性流产，但由于母猪活动受到限制，运动量小，易发生难产，缩短母猪使用年限，而且猪栏造价较高。

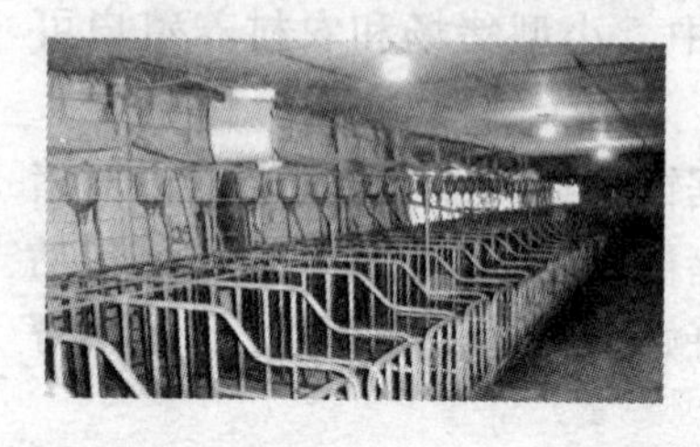

图 5-5 母猪单体栏

小群栏可以采用全金属栅栏结构，也可以是砖墙或混凝土实体间隔 + 金属栏门结构，猪栏的面积根据每栏饲养猪的头数确定，一般为 7 ~ 15m^2 或者按平均每头猪占栏面积 1.8 ~ 2.5m^2 确定，栏高略高于单体栏，一般为 1.0 ~ 1.2m。妊娠期母猪采用小群栏饲养，一般每栏 3 ~ 5 头，妊娠后期最好采用单栏饲养或者减少小群栏中饲养的头数。小群栏克服了单体栏饲养母猪活动量不足的缺点，但母猪容易为饲料、饮水等而发生争斗，易造成膘情不一和流产。

群养单饲栏是以上二者的结合，在小群栏的前部用金属隔栏分成几个单饲区，隔栏长度为 0.6 ~ 0.8m，宽度 0.5 ~ 0.6m，后部为母猪运动和趴卧区。群养单饲既可保证母猪有一定的运动空间，又可避免母猪发生采食不均和争斗的现象。

3. 分娩栏

分娩栏又称产仔栏，是母猪分娩和哺育仔猪的场所，需要兼顾母猪和仔猪的环境需要（见图 5-6）。分娩栏一般由母猪限位栏和仔猪活动区构成，长度一般为 2.0 ~ 2.2m，宽 1.7 ~ 2.0m，围栏可采用金属栅栏结构，也可用砖砌或混凝土结构，高度 0.7m 左右。

母猪限位栏一般设置在分娩栏的中间或对角线上，为母猪活动和躺卧区域，可限制母猪转身，底部设有离地板 25 ~ 30cm 的横杆，并在杆上设置齿状结构或防护杆，防止母猪躺下时受伤或

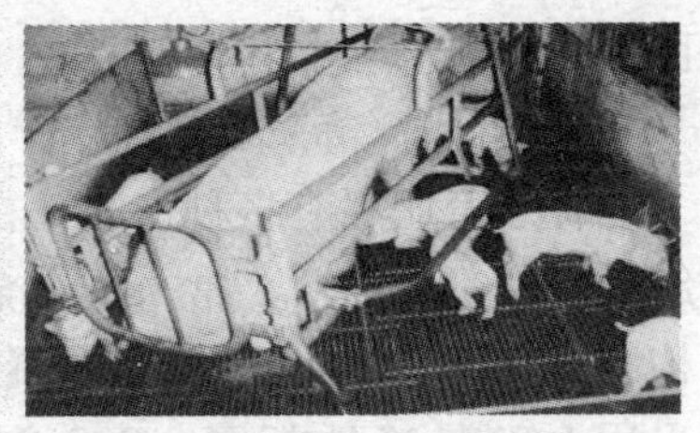

图 5-6 母猪限位栏和仔猪活动区

压住仔猪，而仔猪可自由通过去哺乳，可在前、后或一侧设栏门，前部安装母猪料槽和饮水器。其大小与单体栏相类似，通常长 2.0 ~ 2.1m，宽 0.6 ~ 0.7m，高 1.0m 左右。

仔猪活动区在母猪限位栏的两侧，仔猪可在其中自由活动，设有仔猪保温箱和活动仔猪补料槽，围栏处安装仔猪饮水器。

4. 仔猪培育栏

仔猪培育栏用于养殖断奶后的仔猪（见图 5-7），多采用金属栏架焊接而成，一般长约 2.0m，宽约 1.7m，高约 0.6m，每栏饲养断奶仔猪 10 ~ 12 头，也可采用金属和水泥、砖结构，即两栏之间的隔栏用水泥、砖结构，其他仍用金属栅栏。

图 5-7 仔猪培育栏

大、中型猪场一般采用高床网上培育栏，猪栏采用全金属栅栏，配塑料或铸铁漏缝地板和自动料槽和自动饮水器。漏缝地板通过支架设在粪尿沟或实体水泥地面上，相邻两栏共用一个自动料槽，每栏设一个自动饮水器。小型猪场和农村养殖户也可采用地面饲养的方式，但寒冷季节应在仔猪躺卧处铺干净软草或在躺卧处设火炕。

5. 育成、育肥栏

育成育肥栏有多种形式，在实际生产中，为了节约投资，其结构一般都较简单，常采用全金属围栏或砖墙间隔、金属栏门结构（见图5-8），地板多为混凝土地面或水泥漏缝地板条，也可采用1/3 漏缝地板条，2/3 混凝土地面，栏高一般为1.0～1.2m。育成、育肥猪通常均采用大栏群养，一般每栏饲养10～20头不等，栏面积根据所养猪的头数确定，一般若地面为半漏缝地板形式，每头猪的占栏面积在育成和育肥期分别为0.6～0.65m^2和0.9～1.0m^2，若为混凝土地面，每头猪占栏面积可适当增加0.05～0.1m^2。

图5-8　育成育肥栏

二、漏缝地板

传统的混凝土地面具有坚实、不透水、易冲洗消毒等优点，但其保温性能较差，而且增加了猪与粪污的接触机会，对防疫不利。因此，现代化养猪生产中，为保持猪栏内卫生，改善环境，一般在粪沟上铺设漏缝地板。采用漏缝地板易于清除猪的粪尿，减少人工清扫，保持干燥，有利于猪的生长和生产。

对漏缝地板的要求主要有：耐腐蚀、不变形、表面平整、不打滑、坚固耐用、漏粪效果好、便于冲洗，而且漏缝的宽度需适合所饲养日龄猪正常的行走和站立，不卡猪蹄。不同日龄猪所适用的漏缝地板宽度见表5-1。

各类型猪适用漏缝地板宽度（mm） 表 5-1

猪群类型	公猪	母猪	哺乳仔猪	断奶仔猪	育成猪	育肥猪
漏缝地板宽度	25～30	22～25	9～10	10～13	15～18	18～20

注：引自李如治主编《家畜环境卫生学》，北京：中国农业出版社，1990。

常用的漏缝地板类型有：水泥漏缝地板、金属网漏缝地板、塑料漏缝地板、铸铁漏缝地板、陶瓷漏缝地板和橡胶漏缝地板等（见图5-9）。

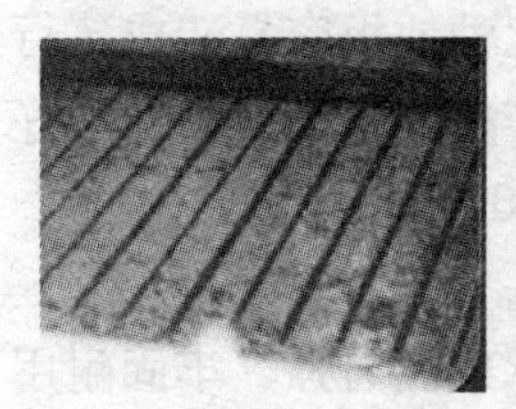

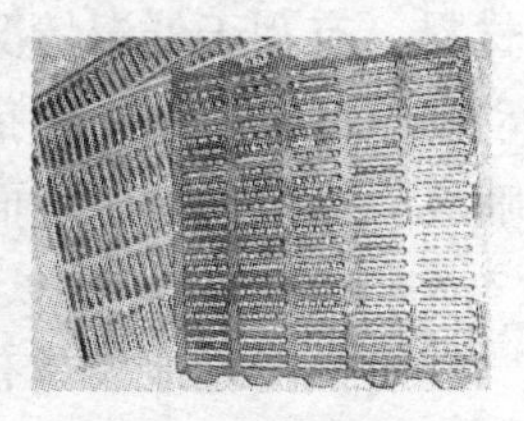

图5-9 水泥、塑料和铸铁漏缝地板

1. 水泥漏缝地板

水泥漏缝地板采用混凝土通过模具浇筑而成，有地板块和地板条两种，一般在配种妊娠舍和育成育肥舍中常用，但是由于水泥的导热系数较大，不宜用作分娩舍和仔猪培育地板。通常，水泥地板条或地板块的截面应制成上宽下窄的倒梯形，以提高漏粪的效率，而且为保证地板有足够的强度，其内部应加钢筋或钢筋网。漏缝地板的长度可根据猪栏和粪尿沟的尺寸确定，一般为1.0～1.6m，使用时直接铺在粪尿沟的上方。制成的水泥漏缝地板表面应紧密光滑，无凸起或蜂窝状疏松，否则表面会有积污而影响栏内清洁卫生。

2. 金属网漏缝地板

当前生产中常用的金属网漏缝地板主要有两种，一是用金属条排列焊接；另一种是用金属条编织成不同规格网眼的网状。由于缝隙或网眼所占的比例较大，粪尿下落流畅，不易堵塞，不会打滑，适宜各类猪群的行走特点，而且有利于保持栏内清洁、干净，在集约化养猪生产中被普遍采用，尤其适用于分娩栏和仔猪保育栏。其缺点是易受粪尿腐蚀，表面需做镀锌或镀塑处理以提高其抗腐蚀性，使用寿命一般在6～8年不等。

3．塑料漏缝地板

塑料漏缝地板用高压聚乙烯和聚丙烯等工程塑料一次模压而成。其特点是拆装方便，可根据需要将地板拼接成不同尺寸的猪床面，具有质量轻、耐腐蚀、易冲洗、牢固耐用、对猪蹄和皮肤的损伤小等优点，而且由于塑料的导热系数小于混凝土、金属等材料，有利于低温情况下的保温需要。但此种地板容易造成猪行动中打滑，体重大的猪行动不稳，适用于仔猪保育栏地面和产仔哺乳栏小猪活动区地面，使用寿命一般在10年以上。

4．铸铁漏缝地板

铸铁漏缝地板具有耐腐蚀、不变形、承载能力强、牢固耐用等特点，而且可用火焰消毒器消毒，适用于各类型猪群，生产中多用于妊娠栏和分娩栏，使用寿命长达30年。

5．其他

生产中还可见到的漏缝地板类型包括陶制、橡胶漏缝地板等。陶质漏缝地板具有一定的吸水性，冲洗后不会在表面形成小水滴，还具有防水功能，主要适用于小猪保育栏，橡胶漏缝地板不容易打滑，多用于配种栏和公猪栏。

三、饲喂设备

猪的饲喂方式包括人工饲喂和机械化自动饲喂两种。人工饲喂是用饲料车将饲料从饲料库或饲料贮存间运到猪舍内，通过人工将饲料投放到料槽中，具有设备简单，投资少，灵活机动的特点，但其劳动强度大，效率低，而且易造成饲料在转运过程中的损失和污染，适用于中、小型猪场和个体养殖户。集约化的大型养殖场一般采用机械化自动饲喂方式，由贮料塔、饲料输送机、输送管道、自动给料设备、计量设备和料槽组成。饲料经加工厂加工好后由专用的运输车运送到猪场，送入贮料塔，然后由饲料输送机经输送管道输入猪舍内的料槽或自动料箱，其优点是减少了饲料在贮存、输送和饲喂过程中受污染的机会，饲料始终保持新鲜，饲料损失少，劳动生产率高，但设备投资大，不适合普通小型养猪场和养殖户采用。

实现机械化自动饲喂的猪场应配备的饲喂设备主要有以下几种：

1. 贮料塔

贮料塔是贮存饲料的设备，一般用2.5～3.0mm的镀锌钢板压型组装而成，由四根钢管作支腿（见图5-10）。仓体由进料口、上锥体、柱体和下锥体构成，进料口多于顶端，也有在锥体侧面开口的，贮料仓的直径约2.0m，高度多在7.0m以下，容量有2、4、5、6、8、10吨等多种。饲料由进料口卸入塔内，在重力的作用下落入塔下部锥体的出料口，再通过饲料输送机送到猪舍内。为确保饲料的流动性，料塔下锥体的夹角一般为45°～60°，以防止饲料起拱，必要时还需加机械振动器装置；为避免雨雪进入，料塔应密封，并设有进气口。料塔贮料量不宜过多，尤其是气候炎热、湿度大的地区，料塔中的饲料贮量一般不要超过3天。

图5-10　贮料塔及运料车

2. 饲料输送机

饲料输送机用于将饲料从猪舍外的贮料塔输送到猪舍内，然后分送到饲料车、料槽或自动料箱内。饲料输送机类型较多，以前生产中多使用卧式搅龙输送机、链式输送机等，近年来使用较多是螺旋弹簧输送机和塞管式输送机，尤其是塞管式输送机由于输送距离长，可在任何方向转弯，对颗粒饲料破碎少、噪声低，且造价较低，被广泛采用。

3. 加料车

加料车在我国的各类型猪场中的应用都非常普遍，其优点是机动性好，可完成猪场内任何地点的饲料装卸工作；投资小，特别适合中、小型猪场及个体养殖户；适合各类型饲料的运输。但使用加料车需要相对较宽的饲喂通道，降低了猪舍有效面积的利用率，与固定式饲喂设备相比，其机械化、自动化水平低，劳动强度大，生产效率低。

4. 计量料箱

计量料箱主要用于需要限量饲喂的猪舍，有容积式计量和重量式计量两种方式。计量料箱悬挂在饲料输送管道的下部，由输送管道输送的饲料落入计量料箱，落入料量的多少可根据需要进行调节。饲喂时，计量料箱内的饲料落入料槽，实现对猪的限量饲喂。

5. 料槽

猪场中使用的料槽类型较多，按饲喂方式分为限量料槽和自由采食料槽，按形状可分为长形料槽和圆形料槽，按组合形式又可分为单饲料槽和群饲料槽，此外，还有单边采食和双边采食之分。无论是哪一种料槽，设计的总的要求是结构简单、坚固耐用，便于饲喂和采食，同时能保证饲料的清洁，不易被猪弄脏。

（1）传统料槽

传统养猪生产中所用的料槽一般由水泥和砖等材料砌成（见图 5-11），属于限量饲喂料槽，其特点是坚固耐用，造价低廉，有时可兼作水槽，但卫生条件相对较差，且较笨重，一般用作公猪栏、配种栏和妊娠栏料槽。料槽设在隔墙或隔栏的下面，由走廊添料，滑向内侧，便于猪采食，一般为长形，每头猪所占饲槽的长度依猪的种类、年龄而定。料槽底部应为圆弧形，以避免死角不便于清理而造成饲料霉变，兼作水槽时需在底部设排水孔，以在加料前放干余水。

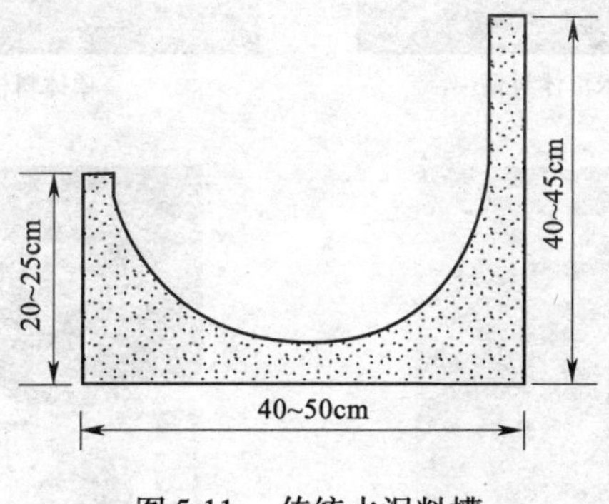

图 5-11　传统水泥料槽

（2）单体料槽

单体料槽一般由钢板、工程塑料等材料制成，其尺寸以能容纳猪一次的饲喂量并防止被猪拱出为宜，多用于分娩母猪栏和单体栏的料槽，也可用作仔猪补料槽和自动加料系统中的料槽（图5-12）。单体料槽的投料方式有两种，一是人工将饲料车中的饲料加入料槽内；二是将单体食槽与饲料输送管相连，进行自动加料。

（3）自动料槽

培育、育成、肥育猪群中，一般采用自动料槽让猪自由采食。自动料槽就是在食槽的顶部装有饲料贮存箱，贮存一定量的饲料，随着猪只的吃食，饲料在重力的作用下不断落入食槽内。因此，自动食槽可以隔较长时间加一次料，大大减少了喂饲工作量，提高劳动生产率，同时也便于实现机械化、自动化喂饲。常用的自动料槽有长方形和圆形两种（图 5-13），可以用钢板制造，也可以用水泥预制板拼装，在国外还有用聚乙烯塑料制造的自动食槽。

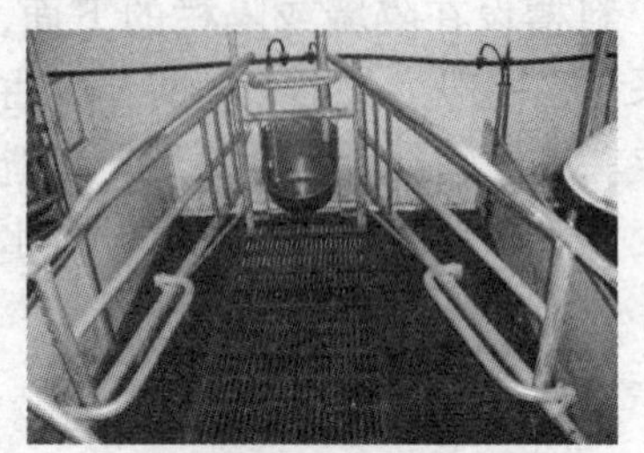

母猪产床单体料槽

单体料槽外观

仔猪料槽

自动加料系统

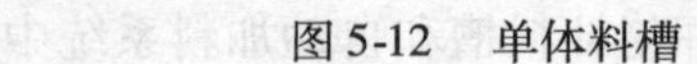

图 5-12　单体料槽

图 5-13　仔猪用圆形、长方形自动料槽

长方形自动料槽在各类型养猪场中应用较多，可根据实际需要做成单面型和双面型，每面可同时供 4 头猪吃料（见图 5-14，表 5-2）。双面自动料槽供两个猪栏共用，一般安装在两栏的隔栏或隔墙上，单面自动料槽供一个猪栏用，多固定在与走廊的隔栏或隔墙上。

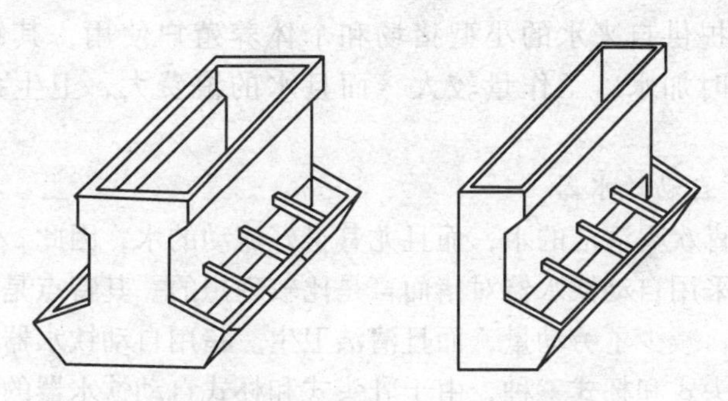

图 5-14　单面、双面长方形自动料槽

长方形自动料槽主要尺寸（cm）　　表 5-2

料槽类型	猪群类型	料槽深度	料槽前沿高度	料槽宽度	采食间隔
单面	培育仔猪	70	10 ~ 12	25 ~ 30	15
	育成猪	80	14 ~ 16	30 ~ 35	20
	育肥猪	80 ~ 90	17 ~ 19	35 ~ 40	25
双面	培育仔猪	70	10 ~ 12	50 ~ 60	15
	育成猪	80	14 ~ 16	60 ~ 70	20
	育肥猪	80 ~ 90	17 ~ 19	70 ~ 80	25

注：参考李如治主编《家畜环境卫生学》，北京：中国农业出版社，1990。

四、饮水设备

养猪生产中，除了必须保证猪能随时饮用足够的洁净饮水外，还需要大量的清洁用水，因此猪场中一般都需要配备完整的供水系统和饮水设备。供水系统根据各地具体情况和资金投入有所不同，一般规模化猪场的供水系统应包括取水设备、贮水设备、输水设备等；饮水设备主要有水槽和自动饮水器两类。

1. 水槽

水槽是我国传统的养猪设备，主要有水泥槽和石槽，生产中也有用镀锌铁皮制作的水槽应用。这种饮水设备投资小，适合无法提供自来水的小型猪场和个体养殖户使用，其缺点是必须定时加水，工作量较大，而且水的浪费大，卫生条件也较差。

2. 自动饮水器

猪喜欢喝清洁的水，而且尤其喜好流动的水，因此，有条件的猪场采用自动饮水器对猪而言是比较理想的。其特点是可以随时供水，减少了劳动量，而且清洁卫生。猪用自动饮水器有鸭嘴式、乳头式和杯式三种，由于乳头式和杯式自动饮水器的结构和性能不如鸭嘴式饮水器，目前我国猪场中普遍采用的是鸭嘴式自动饮水器。

(1) 鸭嘴式自动饮水器

鸭嘴式自动饮水器因其形状像鸭嘴而得名，主要由阀体、阀芯、密封圈、回位弹簧、塞盖、滤网等组成（图 5-15），其中阀体、阀芯选用黄铜或不锈钢材料，弹簧、滤网为不锈钢材料，塞盖用工程塑料制造。整体结构简单，耐腐蚀，不漏水，寿命长。猪饮水时，咬压阀杆，水从阀芯和密封圈的间隙流出，沿鸭嘴得尖端进入猪的口腔；当猪嘴松开后，弹簧使阀杆恢复正常位置，出水间隙封闭，水停止流出。

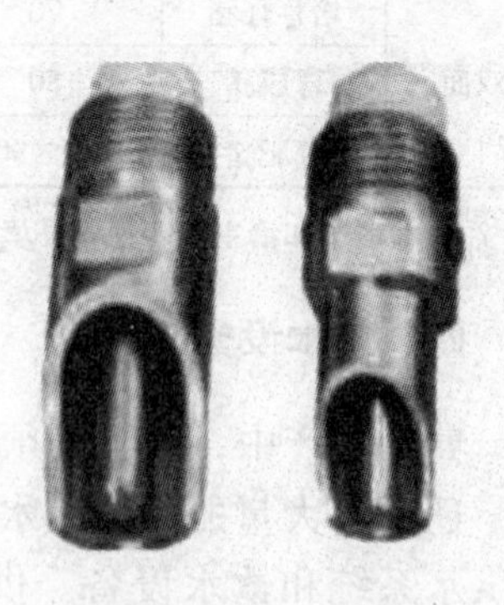

图 5-15　鸭嘴式自动饮水器

鸭嘴式自动饮水器通常分大小两种规格，其流量分别为 2～3L/min（升/分钟）和 1～2L/min，哺乳仔猪和断奶仔猪可选用小型饮水器，其他类型猪则用大型饮水器。

饮水器要安装在远离猪休息区的排粪区内，可与地面平行安装，也可与地面成45°角安装，饮水器的安装高度需要根据猪的种类和大小而定，一般仔猪为15~35cm，生长猪为45~60cm，成年猪为65~80cm。如果与地面或猪床面成45°角安装时，鸭嘴式自动饮水器的高度可适当增加。

（2）乳头式自动饮水器

图5-16　乳头式自动饮水器

乳头式自动饮水器主要由阀体、顶杆、钢球、滤网等部件构成（见图5-16）。猪饮水时，用嘴及舌顶起顶杆，水沿钢球、顶杆与阀体的间隙流出至猪的口腔中；猪停止饮水后，靠水压和钢球、顶杆的重力，钢球、顶杆落下与壳体密接，水停止流出。这种饮水器对泥沙等杂质有较强的通过能力，但密封性相对较差，而且要减压使用，否则，流水过急，不仅猪喝水困难，而且流水飞溅，浪费用水，弄湿猪栏。乳头式饮水器安装时，一般应使其与地面或猪床面成45°~75°，安装高度一般仔猪为25~35cm，生长猪为50~65cm，成年猪70~85cm。

（3）杯式自动饮水器

杯式自动饮水器是一种以盛水容器（水杯）为主体的单体式自动饮水器（见图5-17），主要由杯体、阀门、阀杆、弹簧、出水压板、密封胶圈等结构组成，其中杯体部分常用铸铁制造，也常见由工程塑料或钢板冲压成型。其供水部分的结构与鸭嘴式自动饮水器大致相同，当猪拱动出水压板时，出水压板使阀杆偏斜，水从饮水器芯与阀杆之间的缝隙流入杯中，猪从杯中饮水；当猪停止拱动出水压板后，在弹簧的作用下阀杆回复原位，水流停止。这种饮水器可靠耐用，出水稳定，水量足，水不会溅洒，但相对的结构较复杂，造价高，而且生产中需要定期对杯体进行清洗。杯式饮水器的安装高度一般仔猪为10~20cm，生长猪为15~25cm，成年猪20~30cm。

图 5-17　杯式自动饮水器

五、清粪设备

现代养猪生产中，猪的粪尿产生量是非常大的，清粪是一项繁重的工作，尤其是集约化猪场中，规模较大，饲养密度高，粪便产生量大，如不及时清除会严重污染舍内外环境，影响人畜健康，阻碍养猪生产的发展。目前，养猪生产中常见的清粪方式主要有水冲清粪、机械清粪和人工清粪几种，清粪设备的配置也因清粪方式的不同而存在很大的差异。

水冲清粪是利用水流通将粪便冲到舍外，经粪尿沟排至沉淀池或化粪池。其优点是设备简单，效率高，故障少，有利于场区卫生，易于控制疫病传染，而且劳动强度小，但基建投资大，耗水量多，粪便后期处理压力大，我国尤其是缺水地区不提倡采用这种清粪方式。

机械清粪是通过安装在粪尿沟中的刮板式清粪机定期将舍内粪便刮到舍外清除（见图 5-18）。生产中常见的刮板式清粪机有两种形式，一种为单向闭合回转的刮板链，适用于双列对头式饲养猪舍，粪沟为无漏缝地板的明沟，刮粪板可将粪便一直刮到舍外集粪池，进一步进行处理；另一种为步进式往复循环刮板清粪机，它既可用于地面浅沟刮粪，也可用于漏缝地板下的深沟刮粪，由驱动装置、滑轮、刮板及电控装置构成，刮粪板在工作时垂直于地面将粪刮出，返回时则抬起以离开地面。机械清粪劳动强度较小，而且可以做到粪尿分离，减少了冲洗用水量，便于后期的粪污处理，但是一次性投入较大，而且清粪机故障率相对较高，工作时噪声较大，清洗较麻烦，国内多在大、中型猪场集约化采用。

图 5-18　刮粪板

人工清粪是依靠人力，利用清扫工具将舍内的粪便集中起来，再人工装到清粪车运输到粪便贮存、处理场所。这种清粪方式使用的设备非常简单，投资最少，而且基本不需要用水，最大限度的减少了后期需要处理的粪污量，极适合小规模猪场和个体养殖户采用。但是，人工清粪的劳动强度大，人力的投入多，生产效率低，在国外很少采用。

六、环境控制设备

猪舍的环境控制主要包括保温采暖、降温、通风及空气质量的控制，每一个环节在生产中都至关重要，直接关系到养殖的效益，因此需要通过配置相应的环境控制设备来满足猪对各种环境的要求。

1．保温采暖设备

养猪生产中，育肥猪及成年猪（公猪、母猪）抵抗寒冷的能力较强，正常的饲养密度下其自身的散热足以保持所需要的舍温，因此一般不需要单独的给予供暖。但是，哺乳仔猪和断奶仔猪，由于热调节机能发育不全，对寒冷抵抗能力差，要求较高的舍温，在冬季必须供暖。

现代化猪舍的供暖，分集中供暖和局部供暖两种方法。集中供暖是由一个集中供热设备，如锅炉、电热器等，通过煤、油、煤气、电能等燃烧产热加热水或空气，再通过管道将热介质输送到猪舍内的散热器，放热加温猪舍的空气，保持舍内适宜的温度。在分娩舍为了满足母猪和仔猪的不同温度要求，常采用集中供暖，维持分娩哺乳猪舍温18℃左右，而在仔猪栏内设置可以调节的局部供暖设施，保持局部温度30～32℃。猪舍局部供暖最常用的设备有电热地板、热水加热地板、电热灯等设备，高床分娩和育仔猪舍内常用红外线灯或远红外板作为仔猪的供暖设备，效果较好。

2．通风降温设备

猪舍的通风既可以起到降温的作用，而且可以通过舍内外空气的交换，引入舍外新鲜空气，排出舍内污浊空气和过多的水汽，改善舍内空气环境质量，保持适宜的湿度。猪舍（特别是面积和跨度小、门窗较多的猪舍）的通风主要以自然通风为主，对于猪舍空间大、跨度大、养殖密度高的猪舍，需要根据情况加强机械通风，而密闭式猪舍必须配备相应的通风设备进行机械通风。

机械通风是依靠风机强制进行舍内外气体交换的一种通风方式，克服了自然通风受外界风速变化、舍内外温差等因素的限制，对于保障舍内良好的环境条件提供了可靠的保障。猪舍通风常用大直径、低速、小功率的风机，其特点是通风量大、噪声小、耗电少、可靠耐用，适于长期使用。

我国南方地区及高温季节，猪舍内还需要配备专门的降温设施和设备。如水蒸发式冷风机，利用水蒸发吸热原理以达到降低舍内温度的目的；还可采用猪舍内喷雾降温系统，将冷却水由加压泵加压，经喷雾器喷出成水雾，在猪舍内蒸发吸热，使猪舍内空气温度降低；在母猪分娩舍内，也可采用滴水降温法，对生产母猪进行降温，具体的方法是：冷却水通过管道系统，在母猪上方留有滴水孔对准母猪的头颌部和背部下滴，水滴在母猪背部体表蒸发，吸热降温，未等水滴流到地面上已全部蒸发掉，不易使地面潮湿，既保持了仔猪干燥，又使母猪和栏内局部环境温度降低。

第四节　范　例

一、月出栏 100 头育肥猪场设计实例

图 5-19 是月出栏 100 头的商品肥猪场的平面图。猪场占地面积约1 800m^2，场内建相对独立猪舍 4 栋，单列式布置，猪舍间距符合要求，区分净、污道。每栋猪舍内设 12 ~ 15 个猪栏，每栏面积 15m^{2}左右，养猪 10 头；混凝土地面，屋顶设保温层。

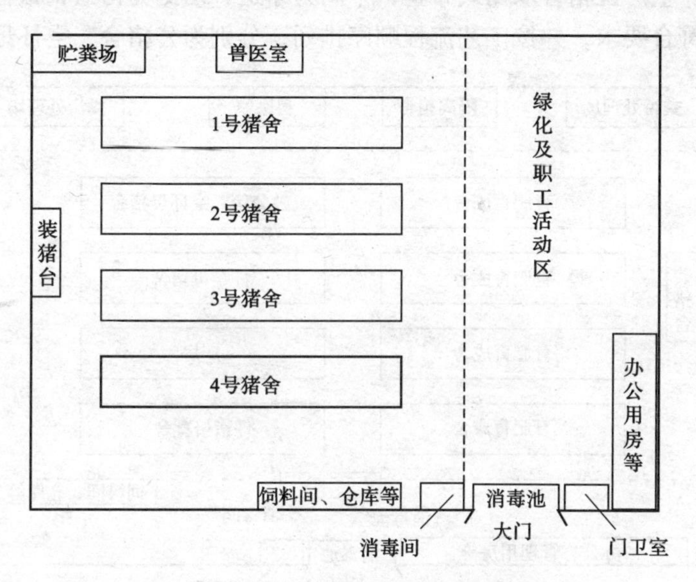

图 5-19　月出栏 100 头育肥猪场平面图

夏季猪舍南北开放部分用遮阳网遮挡，冬季覆盖塑料薄膜保温；通风以开窗自然通风为主，舍内污浊空气由设在屋顶的通气孔及时排出。

单栋猪舍采用“全进全出”饲养模式，即每月进猪，每月出猪。自动料槽喂干料或颗粒料，自由采食；自动饮水器饮水。每栏设置通向舍外的清粪口，每天定时由清粪口人工清粪，推至贮粪场堆放，进一步处理、利用；尿及生产污水经舍内粪尿沟汇流入舍外沉淀池，分别对污水和沉淀物进行处理、利用或排放。

二、100 头基础母猪自繁自养猪场设计实例

图 5-20 是拥有 100 头基础母猪，年出栏2 000头肥猪的小型自繁自养商品猪场的平面图。猪场占地面积约2 500m^2，场内按地势和当地主风向严格区分管理区、生产区和粪污处理区及隔离区。生产区猪舍双列式布置，中间为净道，两侧为污道；猪舍间距符合要求，并按工艺流程顺序排列，分别为公猪舍、空怀母猪

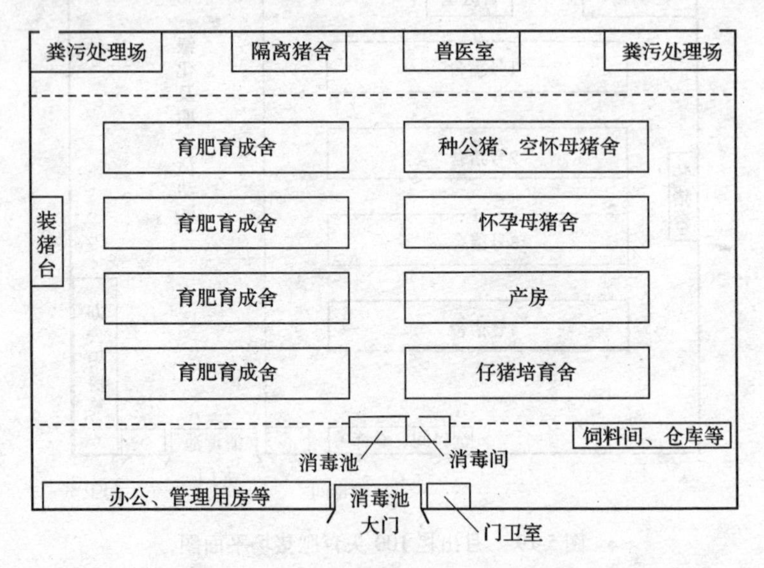

图 5-20　100 头基础母猪自繁自养猪场平面图

舍1栋，怀孕母猪舍1栋，产房1栋，仔猪保育舍1栋，育肥育成舍4栋。种公猪单栏饲养，设4个公猪栏和1个配种栏；空怀母猪3～4头/栏小群饲养，设3个栏；怀孕母猪舍设单体栏66个，定位饲养；产房设3个单元，每个单元9个产床；仔猪保育舍设3个单元，每个单元9个保育床；育肥育成猪舍8个单元，每个单元10栏，8～10头/栏小群饲养。

第六章 鸡 场 建 设

第一节 鸡舍的类型及建造要求

一、鸡舍基本类型及特点

良好的饲养环境是保持鸡群健康，发挥鸡生产性能的重要前提。鸡舍环境是所养鸡群生存的主要环境，因此，设计建造鸡舍，为鸡提供一个适宜的生长环境，是获得最佳经济效益的前提保障。鸡舍的建筑类型大体可以分为密闭式和开放式两大基本类型，由于建筑结构，特别是通风与光照的设施不同，因而不同类型的鸡舍其内部的环境条件也不同。人为调控舍内环境的程度越高，越有利于鸡群生产性能的发挥，但相应的成本也高，因此，生产中需要根据当地气候条件、所养鸡群的用途以及自己的经济实力，来合理地确定鸡舍类型。

1. 密闭式鸡舍

密闭式鸡舍又叫无窗鸡舍或环境控制鸡舍，（图 6-1）此类鸡舍的特点是屋顶及四周墙壁保温，隔热性能好，没有用于通风和采光的窗户（但设置应急窗，其作用是发生意外情况如停电，风机故障或失火时的应急。），进出气口设遮光装置，鸡舍内的小气候完全靠人工控制，如人工光照，机械通风，人工调控温、湿度等。这类鸡舍的优点是与外界隔绝性强，舍内环境条件受外界因素影响较小，可减少鸡群应激，可杜绝自然媒介传入疾病的途径，利于防疫，且可以使舍内条件尽量维持在鸡的最适需要水平，以满足鸡的最佳生长，充分发挥其生产性能，提高饲料报酬，鸡只饲养密度大，集约化程度高，可大大提高劳动效率。缺点是建筑标准和设备条件高，建筑工艺比较复杂，成本较高，对鸡群饲养管理的要求高，必须保证鸡采食营养全价平衡的日粮，另外，对能源依赖性大，耗能高，如遇停电会对生产造成严重的影响，最好自配备用发电机。这种鸡舍适合于任何地区养任何类型的鸡。

图 6-1 密闭式鸡舍

2. 开放式鸡舍

与密闭式鸡舍相对而言，开放式鸡舍内部可以直接与外界环境相通，主要利用自然光照、自然通风。此类鸡舍的优点是设计施工及建材要求比较简易，造价低，投资少。靠自然通风，自然光照，节省能源；缺点是鸡群受外界环境条件影响较大，不利于防暑防寒及控光的操作。因此，开放式鸡舍必须根据外界自然气候变化来因地制宜采取相应措施，尽量减少外界不良环境因素对鸡群的影响。开放式鸡舍主要有以下两种方式：

全敞开式鸡舍：即四周无墙，只有顶棚，用木柱、砖柱等承重（见图 6-2），遇到风雨等恶劣天气时可用塑料薄膜或草帘等与外部相隔。这种鸡舍较适合于果园、山坡等散养鸡群。北方寒冷的冬天不宜使用。

半敞开式鸡舍：只建三面墙，南面无墙，顶棚可设砖瓦结构或其他新型材料，南面无墙部分用网、塑料布等遮盖，北面墙可设窗。散养鸡一般在鸡舍前面或前后设运动场，白天家禽在运动场自由运动，晚上在舍内进行休息和采食，炎热的夏季可在运动场上拉遮阳网，采用完全舍饲时，开放式鸡舍也可不设运动场。舍内应设置一定数量的栖息架。

图 6-2　全敞开式鸡舍

3. 半开放式鸡舍

半开放式鸡舍又叫有窗鸡舍（见图 6-3），最常见的形式是四面有墙，南墙留大窗户，北墙留小窗户，在纵墙两头或山墙上可安装风机，湿帘。这类鸡舍全部或大部分靠窗户进行自然通风和自然光照，舍内温、湿度基本上随季节的变化而变化，由于自然通风和光照有限，为补充自然条件下通风和光照的不足，夏季和冬季可根据天气情况将窗户关闭，借助机械通风，有利于防暑防寒，这与密闭式鸡舍相似。光照控制可根据实际需要采用人工遮光或补光，有利于控制性成熟。此类鸡舍的优点是设计、建材、施工工艺及内部设置条件简单，造价低，投资少，缺点是鸡的生理状况与生产性能均受外界条件变化影响较大，属开放性管理，鸡体通过昆虫、飞鸟、空气等各种途径感染疾病的可能性大，依靠自然光照，昼夜光照时间随季节的转换而增减，人工控光不当，易造成产蛋鸡提早性成熟，全部或大部分靠自然的空气流动来通风换气，一般饲养密度较低，用工较多。这种鸡舍对饲养肉鸡、蛋鸡、雏鸡等均适用，是应用最广泛最实惠的一种鸡舍类型，人们可根据当地的气候状况，灵活决定墙壁的厚度，门窗的大小及使用建筑材料等等。

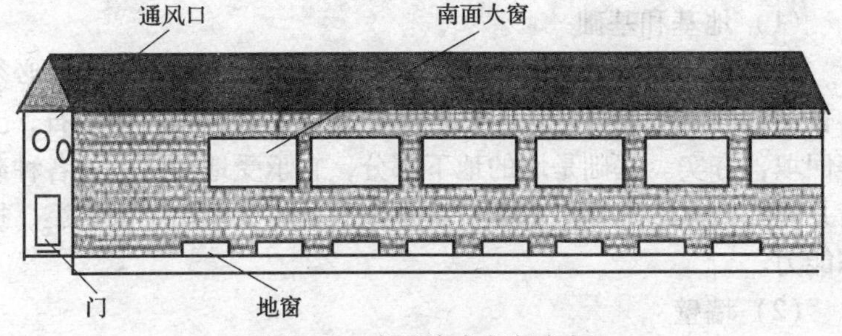

图 6-3　半开放式有窗鸡舍

4. 塑料大棚式简易鸡舍

近年来，越来越多的农户采用塑料大棚养鸡。这种大棚式鸡舍的基本构造与普通蔬菜大棚相似，但必须设置通风和采光的设施，这种鸡舍的优点是建造简单，可就地取材，投资少，建设周期短，见效快，缺点是一般采用横向通风，通风效果不佳，冬季保温与通风不能同时满足。这种鸡舍适用性很强，蛋、肉型各品种、各生长阶段均适用。

二、鸡舍基本结构及建造要求

1. 有窗鸡舍的建造

同其他建筑一样，该种鸡舍的基本结构也是由地基、基础以及墙壁、屋顶、门窗和地面构成的（见图 6-4）。地基和基础能保证房舍不下沉，不倾斜和断裂；墙壁等外围护结构，则使得鸡舍内不同程度地与外界隔绝，形成舍内独特的环境条件，良好的鸡舍建筑可以大大提高养鸡生产的效益。

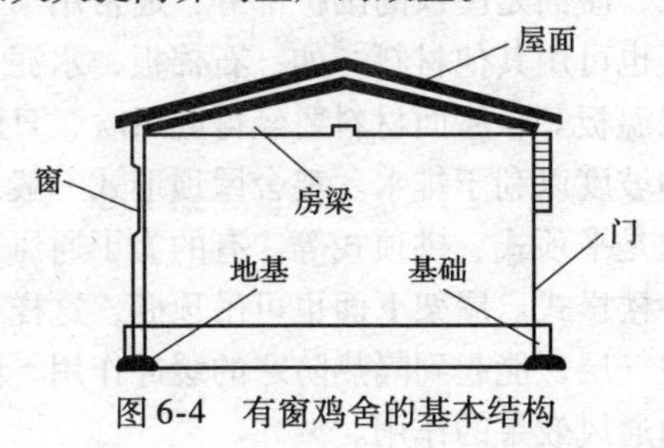

图 6-4　有窗鸡舍的基本结构

（1）地基和基础

地基是基础以下承载整个房舍荷载的土层，地基的土层必须具备足够的承压能力，若天然土层不具备条件，则应用砂石，土等回填，夯实。基础是墙的地下部分，它承受地面房舍的各种载荷并将其传递给地基。基础应具备坚固、耐久及防潮、抗震、抗冻能力。

（2）墙壁

传统的鸡舍建筑中，墙是最主要的围护结构，它对舍内温湿状况的保持起重要作用。据测定，冬季通过墙散失的热量占整个鸡舍总失热量的35% ~40%，因此要求墙壁能防御外界风雨侵袭，保温隔热性能好，以便为舍内创造适宜的环境。另外，还要具备坚固，耐用，抗震，耐水、防火、抗冻，便于清扫和消毒的基本特点，墙壁建材，传统来讲是采用砖石，水泥砂浆抹缝，内墙用水泥或白灰抹面，以便于防潮和利于冲洗消毒。在墙的下半部挂1m多高的水泥裙，为节省材料，墙壁的厚度一般为24墙，在北方较冷地区，可采用24空心墙，若资金允许，最好采用37墙，或外加5~10cm保温层。墙的高度视鸡饲养方式而定，笼养一般墙要高出上层鸡笼1~1.5m。

（3）屋顶

在整个房屋结构中屋顶是吸热和散热最多的部位，因此屋顶应采用保温隔热性能好的材料。屋顶由屋架和屋面两部分组成，屋架用来支承屋面的重量，可用钢筋、木材、预制水泥板，或钢筋混凝土制成，屋面是屋顶的围护部分，通常用苇箔铺设，然后挂泥，挂瓦，也可用其他材料，如：石棉板，水泥，铝合金以及新型的彩钢保温板等，屋面材料要经得起风吹、日晒、雨淋。屋面要有一定的坡度以利于排水。鸡舍屋顶形式一般以双坡式三角形较多，其次是平顶式、拱顶式等，有的为了通风还在屋顶上建天窗，形成钟楼样式。屋架下面也可吊顶棚，这样在屋顶与顶棚之间形成的空气层，能起到隔热防寒的缓冲作用，同时也能起到提高机械纵向通风效果的作用。

（4）地面

为便于舍内排水和保持干燥环境，舍内地面要高于舍外至少0.3m。舍内地面还要具有良好的承重能力，以承载装有鸡只的笼具设备，另外，还要便于清扫消毒，因此，地面要硬化处理，可用灰、砂、土混合压实，水泥砂浆抹平地面。为便于排水，舍内整个地面应向排水道倾斜，倾斜度在0.5%～1%，舍内外下水道与场外下水道相通。舍内走道的设置应根据具体饲养方式及鸡舍跨度来定。跨度较小的地面平养鸡舍，走道位置多设在北面或南面，跨度较大的走道多设在鸡舍中间，走道的宽度一般为0.9～1.2m，为提高鸡舍利用率，也可不设走道（如厚垫料地面平养）；网上平养鸡舍，可在中间留道，在南北两面靠墙，用预制块或砖柱以及竹板、木条等支起离地50～70cm高的平面，上面铺一层有弹性的塑料垫网，用尼龙绳或细铁丝扎牢，注意不要让铁丝茬口向上，以免把鸡扎伤，缝隙大小以使鸡粪漏到网下为宜，一般为2.5cm左右。笼养鸡舍，走道位置视鸡笼的排列方式确定，鸡笼之间走道的宽度一般为0.9～1.2m，机械清粪时要设置粪沟，刮粪板放置在粪沟里，粪沟宽度1.6m左右，深度视鸡舍长度而定，一般为0.3～0.5m，粪沟从前向后应有1.5‰坡度，并同地面一样用水泥砂浆抹平（见图6-5），在靠近污道的末端山墙外开挖粪池，粪沟和粪池均需要做防渗防漏处理。

（5）鸡舍的长度、跨度和高度

有窗自然通风鸡舍的跨度不宜过大，一般是6～7.5m，最宽不超过9m，否则不利于采光和通风。密闭式机械通风的鸡舍，跨度可大些，一般为12～15m。鸡舍的长度，一般视鸡舍的跨度而定，跨度小的鸡舍其长度在50～60m左右，跨度大的鸡舍其长度一般在70～80m，有的超过100m。鸡舍的高度，应根据饲养方式，清粪方法，跨度及气候条件来确定，跨度不大，平养及不太热的地区，可不必太高，一般从地面到屋檐口的高度为2.5m左右，跨度大、夏季较热且多层笼养鸡的鸡舍，

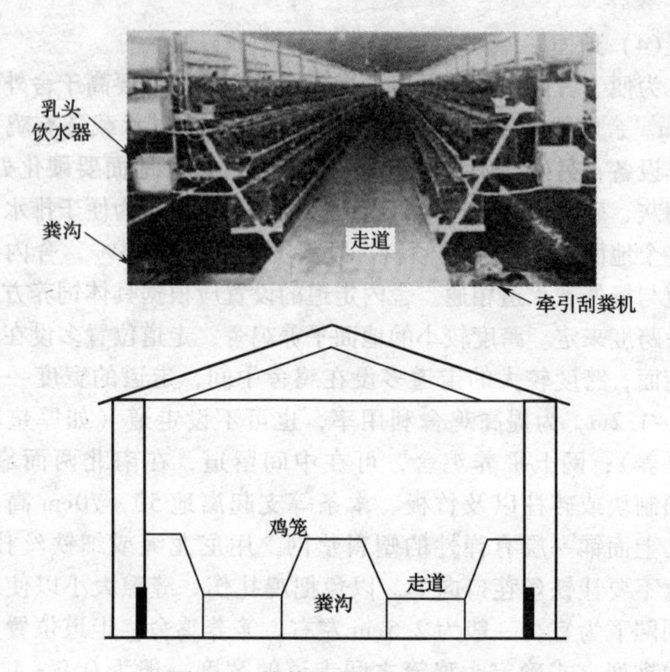

图 6-5　笼养鸡舍舍内地面布局

其高度为 3m 左右，高密闭式鸡舍，采用高床式饲养，其高度不应低于 4.5m。

（6）门窗

门窗的位置及数量关系到鸡舍的通风、保温和采光，其确定应当根据鸡群的特点，饲养方式，饲养设备的使用等因素。例如育雏舍的窗户应当比成鸡舍小，一般来讲，北面墙上的窗应比南面墙上的小，其面积大约为南窗的 2/3 左右，窗子的设计应当开关方便，成鸡舍还可在前后墙壁下部开设地窗，一般长 50 ~ 60cm，高 30cm 左右，为防鸟兽、蚊虫等可装铁丝网、纱网等。房顶也可设天窗，天窗上面要加风帽，以防雨。门的位置可设在南向鸡舍的南面，也可放在山墙上，商品蛋鸡舍最好设两个门，一扇门靠近净道，供饲料、鸡蛋及人员进出，一扇门靠近污道，供清理鸡粪时进出；门最好采用双扇外开，高度一般为

2m，宽1.2～1.5m，门窗的设置应避免出现局部低温和贼风等不良小气候。

（7）通风口

通风是改善舍内空气质量及辅助降温的重要措施，通风口的位置设置明显影响整个鸡舍的通风效果。一般进风口位置设在净道（当地主风向的上风向）一侧的山墙或靠近该山墙的南北墙上，而排风口及所有排气扇则设在对面相应的位置（见图6-6）。一般进风口的面积不应小于排风口面积的2倍，且位置不要太高，并低于排风口位置。冬季，为避免寒冷气流直吹鸡体，应在进气口设一导流板，使冷气流先进入鸡舍上方与上部热空气混合后再到达鸡体。采用机械纵向通风时，应把鸡舍两侧墙上的窗关紧，并根据舍内空气质量和温度决定开启风机的数量，以节省耗电。夏季气温较高时，可在进风口设置湿帘辅助降温。

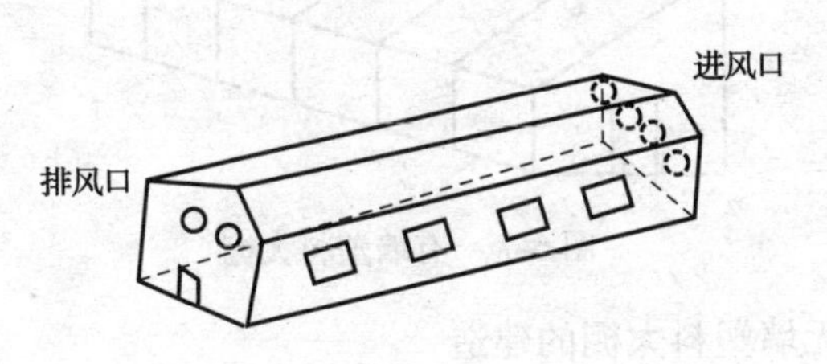

图6-6　通风口的设置

2. 塑料大棚式简易鸡舍的建造

（1）有墙塑料大棚的建造

这类棚舍的建造要选择在地势较高且干燥的地方，最好选择坐北朝南的方向，建造北墙和东西山墙（见图6-7），在山墙上建门，北墙留通风口，建墙的材料可用土坯、砖或预制块等，为节省材料，也可垒成花墙。北墙一般高2～3m，山墙北高南低，成35°～45°坡，两山墙之间的长度（即棚长）和长度（即棚宽）应根据养鸡的数量而定，以养1 000只肉鸡为例，大棚宽5～6m，长20m，高2～3m即可。南面不设墙，而是用水泥柱或石条等与北墙平行埋在地下，南北中间位置也同样埋一排，高度应与之相对应的东西山墙为准。棚顶可用竹竿、竹板、木条或钢质材料等架设，用铁丝拧紧扎牢，然后将高密度塑料覆盖在顶架上，铺平拉紧后用草泥牢固地压在墙面上，南面用砖石等压在地面，通风时可将其掀起。南面立柱可拉上尼龙网或金属网，以防止鸡只跑出棚外或鸟兽蚊虫等进入棚内。塑料布应选0.03～0.05mm的白色透明农用薄膜，以便于冬季采光增温，可用草帘、棉帘等覆盖在棚顶塑料膜上，炎热季节用于遮挡阳光，减少辐射热量，寒冷夜晚或无阳光时可用于防寒保暖，帘要便于掀盖。棚内地面要夯实，或网上平养（架网方法如前所述）。

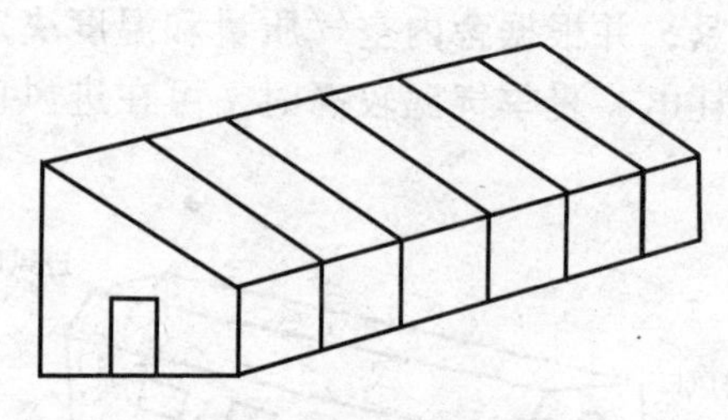

图6-7　有墙塑料大棚

（2）无墙塑料大棚的建造

这类棚舍四面无墙，棚架用水泥柱、竹竿，木板条或钢质材料等在地面埋牢，最好不用木柱，因受潮容易长霉菌、腐烂等。大棚的长度和宽度视饲养量而定，以长40m、宽5m的棚为例，首先在东西间距40m沿南北方向平行埋2排（每排3根）立柱作为山墙，北柱高3m，南柱高1.5m，然后顺山墙三根立柱沿东西方向平行埋3排立柱，柱间距0.5～1m。用光滑平直的竹竿、竹板、木条等以相同坡度，从每排中间立柱开始向两侧立柱横向架设，每侧1根，用铁丝将竹竿等牢固地扎在立柱上。再将同样的竹竿等从一侧山墙中间立柱向另一侧山墙中间立柱纵向架设，纵横交错的竹竿于立柱上用铁丝扎牢固，最后将高强度塑料膜平整地覆盖在支架上面，四面用土压埋在地下。在山墙留方便进出的门，在棚前根底处留开关方便的进风口，在棚顶留出气口以利于通风换气。

第二节　鸡舍设备及设施

一、供暖设备及设施

1. 火炕、火墙或地上烟道供暖

在鸡舍外挖坑修灶，用烧煤或燃柴提供热源，在舍内地面下挖设烟道，一般深 1.5m，宽 0.5m 左右，从鸡舍一端引向另一端，然后从左右分支绕回始端，烟道随屋山墙向上引出屋顶。烟道也可设在舍内地面上，称地上烟道，沿舍内用作炉膛的坑上面，用砖等砌起 20 ~ 30cm 高的地上通道，上口用水泥板盖住，用草泥或水泥砂浆密封，几条烟道汇合由烟囱引出舍外烟道长短及条数可根据鸡舍面积而定，烟囱应高出屋顶 1m 左右。由于烟道距离远近不同，可在育雏舍内形成一定的温差，雏鸡可以根据需要选择温度，育雏效果好（见图 6-8），适用于中小型养鸡户。

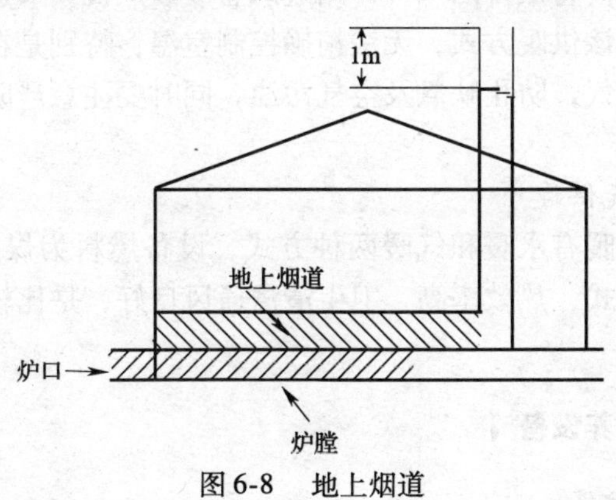

图 6-8　地上烟道

2. 暖风炉供暖

在舍外设立热风炉，将热风引进鸡舍上空或采用正压式将热风吹进鸡舍上方，集中预热鸡舍内空气，效果较好，适用于中大型养鸡户。

3. 远红外电热伞供暖

伞内装有远红外照明发热元件，以及红外线射板，热量传播以辐射和反射为主，伞面装有温控器，为防止雏鸡远离热源，应在伞周围设一定的围护（见图6-9）。

图6-9 远红外电热伞供暖

4. 煤炉供暖

热源来自煤炉，为便于保温，炉上设置铁皮或木板制成的伞或罩，用烟筒将烟排出室外，用进风管或鼓风机调节进风量控制炉子燃烧。该供暖方式，无法精确控制室温，特别是在冬季，要搞好通风换气，防止缺氧及空气污浊，同时要注意严防煤气中毒及火灾。

5. 暖气供暖

暖气供暖有水暖和气暖两种方式，设备燃料为煤或天然气，该种供暖方式，热效率高，卫生清洁通风良好，是比较理想的供暖方式。

二、笼养设备

1. 育雏笼

(1) 叠层式电热育雏笼

这是一种有加热源的雏鸡饲养设备，适用于1~6周龄雏鸡使用（见图6-10）。电热育雏笼为四层叠层式结构，每层由加热笼、保温笼、雏鸡活动笼三部分组成。加热笼每层顶部装有远红外加热板或加热管，笼内温度由控制仪自动控温，并有照明灯、加湿槽、可调风门和观察窗，笼底采用涂塑的金属网。保温笼是从加热笼到运动笼的过渡笼，无加热源，外形与加热笼基本相同。活动笼是雏鸡自由活动的场所，笼内放有小型饮水器，笼外有食槽。雏鸡可根据自体需要选择不同的温区。

图6-10　叠层式电热育雏笼

（2）叠层式育雏笼

叠层式育雏笼指无加热装置的普通育雏笼，常用的是四层或五层，整个笼组用镀锌铁丝网片制成，由笼架固定支撑，每层笼间设承粪板，间隙5～7cm，笼高33cm（见图6-11）。根据空间需要，几架笼可自由组合，笼门上下部分铁丝网片的间隙有大小之分，当雏鸡很小时，可采用间隙较小的那部分，随着雏鸡的长大，为使鸡在将头伸出笼外采食时不被卡住，则可将笼门倒过来，使间隙较大部分朝下。使用这种鸡笼，还要注意及时清理乘粪板，否则，过满会导致乘粪板倾斜，粪便漏到下层笼，或粪便太稀而溢到地面或下层。此种育雏笼结构紧凑，占地面积小，饲养密度大，适用于整室加温的鸡舍。

图6-11　叠层式育雏笼

2. 蛋鸡笼

蛋鸡笼由笼体和笼架两大部分组成，笼体由前网（又称采食网），无网，顶网，底网和隔网（又称侧网）组成，用笼卡将相关的网片连接固定构成单体笼，然后由许多小的单体笼，组成整体蛋鸡笼，笼架由横梁和斜撑组成，其材料可用角钢，槽钢或扁钢管（见图6-12）。单体笼的尺寸一般为前高44～45cm，后高40cm，笼底坡度为8°～10°，笼深31～35cm，伸出笼外的集蛋槽为12～16cm长，笼宽依采食位置和笼养鸡只数而定，一般2～5只不等，每只鸡采食位置为100～110mm。单体笼的各扇笼一般均用冷拔钢丝点焊而成，但各扇笼网的作用不同，它们的取材粗细和网孔大小都有不同要求，侧网和后网主要作为笼体间隔，可用直径2～2.5mm金属丝。分布成水平格，纵向用粗丝排在外侧，间距100～200mm，横向用细丝排在内侧，间距30mm，底网既要承受一定的重量，又要有一定弹性，以防将蛋碰破，因此，宜用直径2.5～3mm的金属丝，分布成垂直格，纵向用粗排在面上，间距22～25mm，横向用细丝排在底下，间距50～60mm，这样才以使蛋沿纵向坡度滚出。蛋种鸡笼，为了便于人工授精操作，一般使用两层。

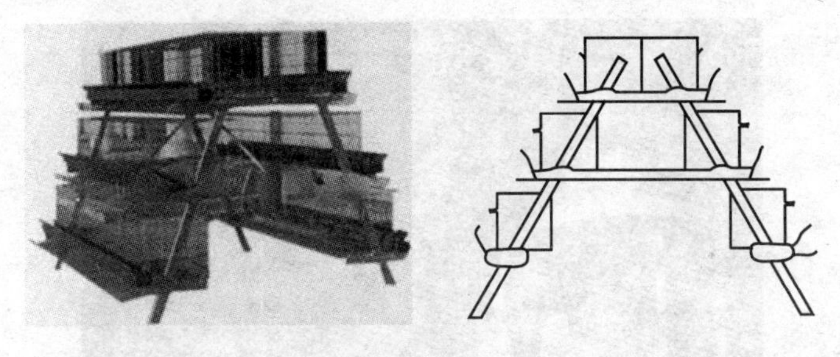

图 6-12 蛋鸡笼

3. 肉鸡笼

肉鸡笼的设计和构造基本与蛋鸡笼相同。单体小笼的尺寸，一般是高 35 ~ 40cm，深 54 ~ 60cm，宽 70 ~ 90cm，容肉仔鸡 12 ~ 15 只，但肉鸡笼的底采取具有弹性的塑料材料或镀塑材料，并保持平整，以克服肉鸡胸囊肿及腿部疾病。

三、喂料饮水设备

饮水设备种类较多，常见的有槽式（一般成 V 形）、真空式、吊塔式、乳头式等，一般育雏和平养（地面散养和网上平养）时用真空式和吊塔式饮水器，长槽式饮水器在我国使用较为传统广泛，既可用于笼养，也可用于平养，具有低成本，使用简单，便于饮水免疫等优点，但浪费水多，易污染。乳头式饮水器主要用于笼养鸡群，需配备净水及减压等设备，优点是节约水，干净，不易传播疾病，缺点是经常有个别乳头不漏水或漏水太多，需随时注意检修。喂料设备笼养一般用长槽式的料槽、平养常用料桶、料盘、也可用料槽（见图 6-13、图 6-14）。

图 6-13 一组饮水喂料设备

图 6-14　乳头式自动饮水器

四、清粪设备

常见的是牵引式刮粪机，它由牵引装置、刮粪装置、牵引钢丝绳、转角轮、限位器、清洁装置等组成（见图 6-15）。刮粪装置安装在鸡笼下面的粪沟内，清粪时，电动机驱动绞盘通过牵引

图 6-15　牵引式刮粪机

绳牵引刮粪装置。向前牵引时刮粪板立起来紧贴地面刮粪，当碰到终点的行程开关时，会使电动机反转，这时刮粪装置在背后钢丝绳的牵引下，使刮粪板抬起越过鸡粪，整个装置返回起点，返回时不刮粪，如此往复一次便完成了一次清粪工作。此刮粪装置通常用于双列鸡笼，一台刮粪时，另一台处于返回行程不刮粪，最终把鸡粪都刮到鸡舍的同一端，用推车把鸡粪运出舍外。

第三节 范 例

5 000 只规模肉鸡网上平养有窗普通鸡舍的设计建造

设计鸡舍应密切考虑采用何种饲养方式，以便合理利用鸡舍内空间。有窗普通鸡舍是目前使用较为普遍的一种类型，而网上平养可以提高饲养密度，另外，鸡只不与粪便接触，有利于卫生防疫，可减少疾病的发生，是一种较为高效的饲养方式。

（1）鸡舍长 64m，跨度 9m，中间设走道，道宽 1.1m，道两边靠墙搭建高网，网上面积可达 500m^2。

（2）鸡舍墙体采用砖石砌起，厚 24cm，墙内外抹灰，屋架用钢铁或木质，屋面用瓦或石棉板等新型材料，表面涂成白色。

（3）鸡舍的窗户设在南北墙上，3m 开间，每间一个，北墙窗户应小于南墙，在前后墙的下部开设地窗，窗口均用纱网封口，以防蚊虫鼠害。门设在东西山墙上，在山墙上开设两个通风口和风机安装口，采用自然通风时，可将窗子全部打开，当自然通风不能满足时，可将窗关闭，开启风机，采用机械纵向通风，还可在进风口安装湿帘。

（4）鸡舍地面中间留一条宽 1.1m 的走道，走道应比两边平地高出 5 ~ 10cm，整个地面用水泥抹面，以便于清扫、冲刷消毒。高网的铺设可先用预制块或砖沿道两侧垒起离地 50 ~ 70cm

高的台柱子，然后将宽 2.5cm 的木条或竹板条沿南北墙纵向铺设，板条间距以 2～2.5cm 为宜，最后在铺好的板条上面再铺一层弹性塑料网，用尼龙绳或细铁丝将网固定在板条上，铁丝的茬口或绳套应朝向网下，以防扎伤或捆住鸡腿。塑料网的网眼直径 2.5cm 左右，以方便鸡粪漏到网下的存粪区，粪便可于空舍后一并清理，若有需要，也可打开两侧的地窗进行清粪。

第七章 牛场建设

第一节 牛舍的类型及建造要求

牛场建设应包括生产、管理、生活、隔离四个区域。应有牛舍（包括犊牛舍、青年牛舍、成年牛舍和种公牛舍）、运动场及其凉棚和补饲槽、饲料库、干草棚、青贮塔、氨化池、病牛舍、兽医室、技术室、办公室和职工宿舍等建筑设施。应有铡草机、粉碎机、秸秆揉搓机、颗粒机等生产机械。应有汽车或拖拉机等运输工具。应有拴牛桩、运动架、保定栏及化粪池等生产设施。应有鼻环、缰绳、牵牛棒等生产工具。应有门卫室和消毒通道等设施。

一、牛舍的基本类型及特点

根据牛的类型可以将牛舍分为奶牛舍和肉牛舍。根据年龄体况等分为成年牛舍、育成牛舍、发育牛舍、犊牛舍、产房、混合牛舍和隔离牛舍。按牛舍结构的密度程度分：有封闭式、半开放式、开放式牛舍等。在严寒地区，要求牛舍四周墙壁完整全封闭，门窗密封，甚至要机械通风。在亚热带或热带地区，牛舍可南面无墙。有的地区仅建半截的牛舍，门窗也可简化或者省略。开放程度大，有顶盖而缺墙的牛舍有时称为牛棚。国内常见的牛舍有拴系式和散放式两类。

1. 拴系式牛舍

拴系式牛舍亦称常规牛舍，每头牛都用链绳或牛颈枷固定拴系于食槽或栏杆上，限制活动；每头牛都有固定的槽位和牛床，互不干扰，便于饲喂和个体观察，适合当前农村的饲养习惯、饲养水平和牛群素质，应用十分普通。缺点是饲养管理比较麻烦，上下槽、牛系放工作量大，有时也不太安全。当前也有的采取肉牛进厩以后不再出栏，饲喂、休息都在牛床上，一直育肥到出栏体重的饲喂方式，减少了许多操作上的麻烦，管理也比较安全。如能很好地解决牛舍内通风、光照、卫生等问题，是值得推广的一种饲养方式。

拴系式牛舍从环境控制的角度，可分为封闭式牛舍、半开放式牛舍、开放式牛舍和棚舍几种。封闭式牛舍四面都有墙，门窗可以启闭；开放式牛舍三面有墙，另一面为半截墙；棚舍为四面均无墙，仅有一些柱子支撑梁架。封闭式牛舍有利于冬季保温，适宜北方寒冷地区采用，其他三种牛舍有利于夏季防暑，造价较低，适合南方温暖地区采用。

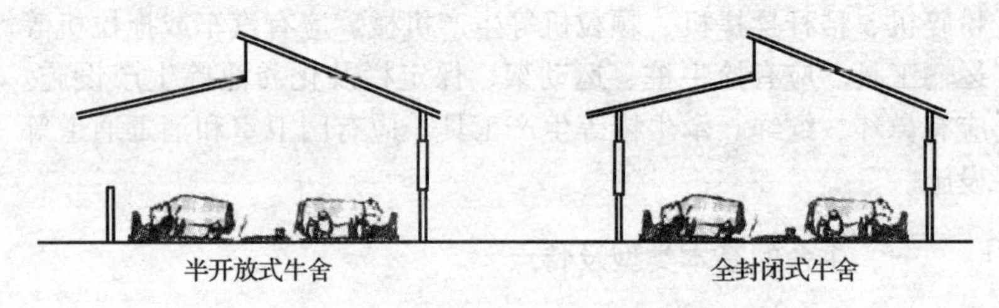

图 7-1　半钟楼式双列式牛舍

半开放式牛舍，在冬季寒冷时，可以将敞开部分用塑料薄膜遮拦成封闭状态，气温转暖时可把塑料薄膜收起，从而达到夏季利于通风、冬季能够保暖的目的，使牛舍的小气候得到改善。

按照牛舍跨度大小和牛床排列形式，可以分为单列式和双列式。双列式牛舍又分为对头式和对尾式两种。单列式：只有一排牛床，跨度小，一般 5 ~ 6m，易于建筑，通风良好，但散热面大。适于小型牛场（50 头以下）采用。双列式：有两排牛床，分左右两个单元，跨度 10 ~ 12m，能满足自然通风要求。在肉牛饲养中，以对头式应用较多，饲喂方便，便于机械作业，缺点是清粪不方便。对尾式中间有除粪通道，两边各有一条喂饲通道，其优点是挤奶、清粪合用一条通道，操作方便且便于饲养员对奶牛生殖器官疾病发生和发情的观察，因牛头向窗，有利于通风采光，传染疾病的机会少，但饲喂不方便。

2. 散放式牛舍

散放式牛舍是育肥牛在牛舍内不拴系，高密度散放饲养，牛自由采食、自由引水的一种育肥方式。散放牛舍多为开放式或棚舍，并与围栏相结合使用。

（1）开放式围栏育肥牛舍：牛舍三面有墙，向阳面敞开，与围栏相接。水槽、食槽设在舍内，刮风、下雨天气，使牛得到保护，也避免饲草、饲料淋雨变质。舍内及围栏内均铺水泥地面。牛舍面积以每头牛 $2m^2$ 为宜。双坡式牛舍跨度较小，休息场所与活动场所和为一体，牛可自由进出。每头牛占地面积，包括舍内和舍外场地为 4.1 ~ 4.7m^2。

屋顶防水层用石棉瓦、油毡、瓦等，结构保温层可选用木板、高粱秆。一侧要有活门，宽度可通过小型拖拉机，以利于运进垫草和清出粪尿。厚墙一侧留有小门，主要为了人和牛的进出，保证日常管理工作的进行，门的宽度以通过单个人和牛为宜。这种牛舍结构紧凑，造价低廉，但冬季防寒性能差。

（2）棚舍式围栏育肥牛舍：此类牛舍多为双坡式，棚舍四

图 7-2　棚舍式牛舍示意图

周无围墙，仅有水泥柱子或钢架结构做支撑，屋顶结构与常规牛舍相近，只是用料更简单、轻便，采用双列对头式槽位，中间为饲料通道。

(3) 半开放式肉牛舍

半开放式肉牛舍，指三面有墙，正面上部敞开，下部仅有半截墙的肉牛舍，这类肉牛舍的开敞部分在冬季可以遮拦，形成封闭状态，从而达到夏季利用通风、冬季能够保暖的目的，使舍内小气候得到明显改善。

(4) 简易太阳能牛舍

为了提高冬季育肥牛的生产性能，王玉江等人（1993 年）对吉林省的半开放式肉牛舍进行了改进，设计出简易太阳能牛舍。

当地的半开放式牛舍情况是四周有墙，砖瓦结构，舍顶半坡露天，北墙上开一除粪窗，水泥地面。在当地的半开放式牛舍的基础上，把屋顶开露部分，用双层塑料薄膜封闭，舍顶开一个可调节的通风窗，靠向阳墙外侧，修建一个太阳能接收室（搭成一个与外墙形成45°左右角度的木架，于架上固定两层塑膜，其间地面上撒一层煤渣，外墙表面涂黑），同时，于向阳墙上等距离的上下对应开相同的 6 个小洞，舍内外贯通，以形成冷热气流的交换。

3. 装配式牛舍

这种牛舍以钢材为原料，工厂制作，现场装备，属敞开式牛舍。屋顶为镀锌板或太阳板，屋梁为角铁焊接；U 字形食槽和水槽为不锈钢制作，可随牛只的体高随意调节；隔栏和围栏为钢管。牛舍前后两面墙体由活动卷帘代替，夏季可将卷帘拉起，使封闭式牛舍变成棚式牛舍，自然通风效果好。屋顶部安装有可调节风帽。冬季卷帘放下时通风调节帽内蝶形叶片使舍内氨气排出，达到通风换气效果。这种牛舍建造迅速，外形美观整齐。

二、牛舍的基本结构及建造要求

1. 地基与墙体

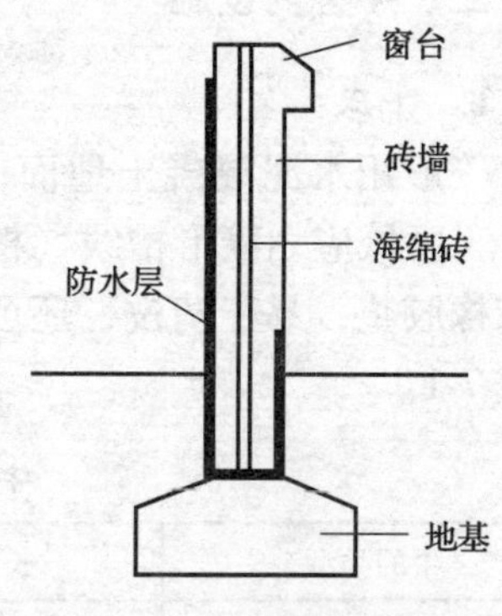

图 7-3 保温墙壁横截面示意图

牛舍地基深 80～130cm，并高出地面，必须灌浆，与墙之间设防潮层。砖墙厚 24cm 或 38cm，双坡式牛舍脊高 4.0～5.0m，前后檐高 2.8～3.5m。从地面算起，应抹 100cm 高的墙裙。在农村也用土坯墙、土打墙等，但距从地面算起应砌 100cm 高的石块。土墙造价低，投资少，但不耐久。在北方高寒地区，可采用夹层墙的办法，2 层半砖墙中间夹 20～30cm“加气砖（即矿渣海绵砖）”或 3 层空心砖，这样可减少投入增加隔热效果，但地基和墙体需注意防水，因为假如加气砖或空心砖吸足水分后冻结，则自行崩解。如图 7-3 所示。

2. 门窗

牛舍门一般设成双开门，牛舍门应坚固耐用，不设门槛，向外开。一般 50 头以下的规模可设 1 个宽 1.8～2m 的门。100 头规模可设 2 个门。门高 1.9～2.2m，也可设上下翻卷门。南窗规格 100cm × 120cm，数量宜多，北窗规格 80cm × 100cm，数量宜少或南北对开。窗台距地面高度为 100～120cm，一般后窗适当高一些。

3. 屋顶及通气孔

牛舍建筑中最常用的是双坡式屋顶，这种形式的屋顶可适用于较大跨度的牛舍，可用于各种规模的各类牛群，其特点是经济实用，保温性好，而且容易施工修建。通气孔一般设在屋顶，大小因牛舍类型不同而异，一般单列式牛舍的通气孔为 70cm × 70cm，双列式为 90cm × 90cm，通气孔上面设活门，可以自由启闭，或者安装排气扇。通气孔应高于屋脊 0.5m 或在房的顶部。

三、牛舍内设施

1. 牛床

一般用水泥混凝土地面，坡度常采用1.0%~1.5%。牛床后1/3区域应划菱形槽线（槽线间距约5cm）以防滑。也可以铺牛床橡胶垫，易于清洗，还可减少牛腿部疾病。牛床的尺寸可参见表7-1。

牛床的尺寸 **表7-1**

牛的类型	长度（cm）	宽度（cm）
成乳牛	172~186	115~130
初孕牛	165~180	110~120
育成牛	155~170	90~110
发育牛	140~160	70~90
围产期牛	220~300	150~200

2. 饲槽、饮水器和饲喂通道

牛床前砌一截高20~35cm的矮墙作饲槽的后壁，牛头的前方设置饲槽，饲槽的内衬最好用光滑的钢化瓷砖，各面转角要做成圆弧形。如图7-5所示。槽底高于牛床地面5~10cm。

图7-4 牛床橡胶垫

饲槽可兼做饮水池，但饲槽当有四壁。也可采用自动饮水碗（参见第五章），清洁卫生。

饲料通道要便于饲料运送和分发，宽度一般为1.2~1.5m。

3. 牛栏杆与颈枷

牛床前端的矮墙上安装竖钢管，竖管之间的间距一般与牛床同宽；再在1~1.2m高处装上横长管，构成牛栏杆，以防止牛

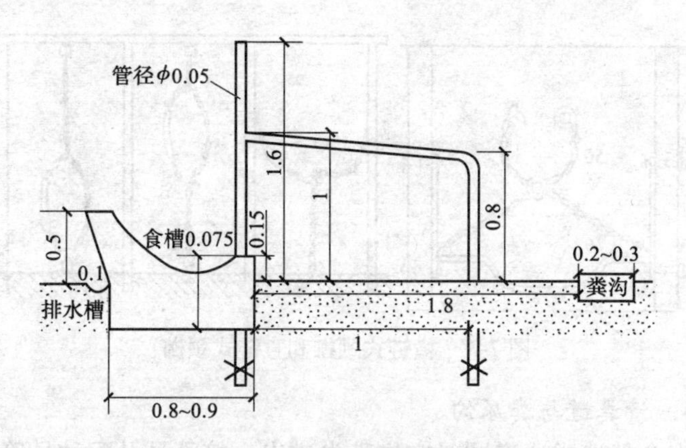

图 7-5　牛床栏及食槽侧面示意图

朝前踏入饲槽。拴系牛的颈枷或链条安装在牛栏杆上。

常见颈枷有硬式和软式两种。硬式（见图 7-6）用钢管制成，软式（见图 7-7）多用铁链，软式可分为横链式和直链式两种。使用硬直杆固定式颈枷，牛颈部被夹住后活动范围很小。这种方式可缩短牛床至 1.7m 以内。可防止排出的牛粪落在牛床上。每个牛床的食槽后壁中间做成约 39cm 的凹弧形口，以利于乳牛卧床舒适。

图 7-6　硬式颈枷示例

拴系式牛舍内，相邻的或每隔 2 ~ 3 个牛床位之间，建议安装长约 1m，高约 0.8m 的弯形或半弯形隔栏；对于散栏牛舍来说，应该每个床位均设隔栏，以引导同排牛卧有规律。

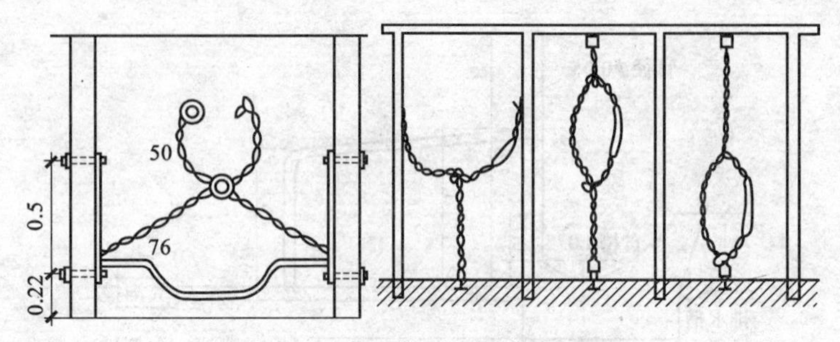

图 7-7　横链式颈枷和直链式颈枷

4. 清粪道与粪尿沟

牛舍的清粪通道同时亦作乳牛进出、挤乳员及配种员等的通道和操作场所。对尾双列式拴系牛舍的中间通道宽度一般为1.6～2.0m，路面应比牛床低2～3cm，并划菱形槽线防滑；清粪道设0.5%左右的拱度，并向舍外稍倾斜，使之能向粪尿沟及舍外流去。

牛床与清粪道之间设宽24～33cm、深5～10cm的明沟作为粪尿沟。若粪尿沟上加盖漏缝盖板，则粪尿沟可加深至20～40cm。

第二节　牛场配套设备

一、运动场

运动场是奶牛消遣运动的理想场地，没有运动场，奶牛的发情及受孕都将受到影响。运动场的面积可按成年母牛20～40m²/头，育成牛15～20m²/头，犊牛10～15m²/头。一般为牛舍建筑面积的3～4倍。奶牛是偶蹄草食家畜，它的祖先是在草地上生活的，牛蹄适宜踩在松软的地面上。生产中人们往往从坚固和卫生的角度考虑，把地面做成水泥地或用砖砌成，对奶牛并不适用。奶牛长期在坚硬的地面上生活，牛蹄会疼痛，关节会肿胀疼痛，进而影响产奶量。运动场最好为吸水性强，渗透性较好的砂壤土。黑土和黏土雨后易泥泞，砂土渗透性好但太阳暴晒后升温很快，会造成局部气温升高，在炎热的地方对牛不利。盐碱过重的土壤可垫入0.5~0.8m直径为5~10cm的石块，防止盐碱上升，再在石块上铺0.5m中性砂壤土。

运动场内应有1.5%~2.5%的坡度，低侧与排水沟相连，使雨水及时排除。运动场内或四周种植阔叶树木，夏季可在运动场的高处上方搭建遮阳网，以遮荫降温。

运动场应选择在背风向阳的地方，一般利用牛舍间距，也可设置在牛舍两侧。如受地形限制也可设在场内比较开阔的地方。运动场围栏多用钢筋混凝土立柱式铁管，立柱间距2~3m，高度为1.5m，横梁3~4根。围栏高度：成年牛1.2m，犊牛1.0m，栏柱应埋入地下0.5m以上。围栏三面挖明沟排水，防止雨后积水，运动场泥泞。运动场内设饲槽、饮水槽。饲槽的位置在背风向阳处并与牛舍平行，槽长为成年母牛每头0.2~0.3m，槽宽80~90cm，外缘高80cm，内缘高60cm，槽深40~50cm，槽侧牛采食站立面为混凝土地面。饮水槽可建在运动场的中间或运动场的边缘，槽内大小、长度根据牛群的大小而定，一般长3~4cm，宽70cm，槽底宽50cm，槽高100cm，以便经常清洗水槽。为了夏季防暑，运动场内需设凉棚，凉棚长轴应东西向，并采用隔热性能好的棚顶，凉棚面积一般按每头成年牛3~4m^{2}设计，凉棚内地面要用三合土夯实，地面经常保持20~30cm砂土垫层。此外，还可借助运动场四周植树遮荫降温。

二、草料加工车间及库房

用于贮存切碎粗饲料的草库应建在地势比较高的地方，草库的窗户高于地面4m以上，用切草机切碎后直接喷入草库内。

饲料加工场包括原料库、成品库、饲料加工间、青贮池、晾晒场等。原料库的大小应能贮存肉牛场10~30天所需的各种原料。成品库可略小于原料库，库房内应宽敞干燥通风良好；室内地面应高出室外30~50cm。晾晒场一般由草棚和前面的晒场组成。晾晒场的地面应清洁平坦，上面设活动草架，晒场的草棚为棚舍式。

三、青贮设施

青贮饲料是通过控制发酵使饲料保持多汁状态而长期贮存的方法。青贮饲料养分损失少，对家畜适口性好，是最经济实惠的饲草保存方法。目前，养牛生产中用到的几乎所有的饲草均可制成青贮饲料。制作青贮饲料常用的设施主要有青贮窖、青贮壕、青贮塔及青贮袋等。下面介绍下简单易操作的青贮窖和青贮袋。

1. 青贮窖

青贮窖是我国广大农村应用最普遍的青贮设施。青贮窖可分为地下窖、地上窖和半地上窖，其中地下窖较为普遍。在地下水位低的地方可建造地下式青贮窖，而在地势低平、地下水位较高的地方，建造地下式窖易积水，可建造半地下式青贮窖。按照青贮窖的形状，可分为圆形窖和长方形窖两种。圆形窖占地面积小，圆筒形的容积比同等尺寸的长方形窖大，装填原料多，但其在开窖使用时，需将窖顶泥土全部揭开，窖口较大不易管理，取料时需一层层取用，若日常用量少，则造成冬季表层结冻，夏季易霉变。长方形窖适于小规模饲养户采用，开窖从一端启用，先挖开 1 ~1. 5m，从上向下一层层取用，但长方形窖占地面积相对较大。不论圆形窖或长方形窖，都应用砖、石、水泥建造，窖壁用水泥挂面，以减少青贮饲料水分被窖壁吸收；窖底只用砖铺地面，不抹水泥，以便使多余水分渗漏。

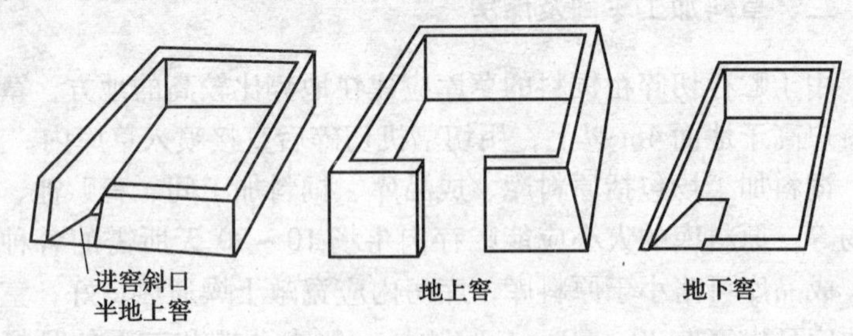

图 7-8　青贮窖示意图

圆形窖的直径一般为2.0～4.0m，深3.0～5.0m，上下垂直，窖壁要光滑，建造时切不可上大下小，以防影响原料下沉。长方形窖宽一般为1.5～3.0m，深2.5～4.0m，长度根据需要而定，但长度若超过5.0m时，需每隔4.0m砌一横墙，以加固窖壁。

另外，如果暂时没有条件建造砖、石结构的永久窖，使用土窖青贮时，窖四周要铺垫塑料薄膜。第二年再使用时，要清除上年残留的饲料及泥土，铲去窖壁旧土层，以防杂菌污染。

2. 青贮壕

青贮壕是指大型的壕沟式青贮设施，适用于大规模饲养场使用。青贮壕选择在宽敞、地势较高且干燥或有斜坡的地方，开口在低处，以便夏季排出雨水。青贮壕一般宽4.0～6.0m，便于链轨拖拉机压实，深5.0～7.0m，且地上部分至少2.0～3.0m，长20.0～40.0m，三面砌墙，地势低的一端敞开，以便车辆运取饲料，且必须用砖、石、水泥建筑永久窖。

3. 青贮塔

青贮塔适用于机械化水平较高、饲养规模较大、经济条件较好的饲养场。是一种专业技术设计和施工的砖、石、水泥结构的永久性建筑。塔直径4.0～6.0m，高13.0～15.0m，塔顶有防雨设备，塔身一侧每隔2.0～3.0m留一60cm×60cm的窗口，装料时关闭，用完后开启。原料由机械吹入塔顶落下，青贮后饲料由塔底层取料口取出。其特点是封闭严实，原料下沉紧密，发酵充分，青贮质量较高。

4. 青贮塑料袋

近年兴起用无毒厚农膜、专用机械作青贮。一种是青割收割机边收割青贮原料，边用农膜包裹成大草卷。每卷1～5t（吨）重，置于地头，待青草季节结束后，运到牛圈拆开喂牛。另一种是青贮机把原料切碎。装入无毒厚塑料袋，压紧衬叠封口，封口朝下分层堆放。每袋40kg。刚好为一头大型成年牛一天的采食量。

四、氨化秸秆设施

可用闲置的青贮窖，也可设置专用的氨化炉与氨化场，以整秸秆氨化效果好。下面介绍一种简单的氨化方法。首先地面砌高10~15cm，宽2~4m，长按制作量而定的水泥硬化地面，然后把整捆麦秸用水喷洒，码垛高2~3m。最后用无毒塑料薄膜密封，四周用石块和砂土把塑料薄膜边压紧地面密封，用带孔不锈钢锥管按每隔2m插入，接上高压气管，通入氨气。为避免风把塑料薄膜刮掉，每隔1~1.5m，用绳子两端各拴5~10kg石块，搭在草垛上，把垛压紧。

五、挤奶设施

挤奶间（厅）是散放牛舍的主要设备，分固定式和转动式两种挤奶台。挤奶台为固定在每一个挤奶栏上的挤奶机、牛奶计量器、牛奶输送管道、洗涤设备、精料饲喂装备。此外，还配置有乳牛乳房的自动清洗装置和自动捅卸乳杯的装置。

1. 固定式挤奶台

并列式挤奶台的挤奶栏排列与乳牛舍的牛床类似，牛与挤奶工人位于同一平面，或牛站立平面高出46cm，以改善挤奶工的劳动条件。其优点是结构简单，乳牛可单独出入，以适应挤奶速度不同的乳牛，但工人需来回转动，不易提高生产率，每工时挤奶不超过35头乳牛，适合于放牧场用挤奶间。

串联式挤奶台，挤奶栏排成两列，中间为宽1.2m，深0.6~0.75m的工作地沟，牛在挤奶栏内头尾相接，各栏之间有一抽插门，供牛进出。挤奶时乳牛分批出入，先在一侧放进一批乳牛，冲洗乳房并套上乳杯进行挤奶，然后于另一侧放进第二批乳牛进行挤奶前的准备工作，依次循环不断进行。其优点是操作有规律，但牛不能单独进入，它适合于乳牛头数较少的牧场，每工时可挤40头牛。

斜列式挤奶台与串联式相似，但门启闭操作少。其优点是操作简单，结构紧凑，每工时可挤50头牛。

菱形挤奶台适用于中等规模牛群的或较大的牛场，其优点是挤奶工人在一边奶台挤奶时能同时观察其他三边母牛的挤奶情况，比其他挤奶台更经济有效。

2. 转动式挤奶台

转动式挤奶台的优点是机械化程度高，省劳力，操作方便，劳动效率高，密闭输送，卫生条件好；缺点是结构复杂，基建投资大，前后准备工作时间长。适用于乳牛头数较多的奶牛场。

串联式转盘挤奶台是专为一人操作而设计的小型转盘。转盘上有8个床位，牛的头尾相继串联，牛通过分离栏板进入挤奶台，根据运转的需要，转盘可通过脚踏开关开动或停止。每个工时可挤70～80头牛。

鱼骨式转盘挤奶台牛呈斜形排列，似鱼骨形，头向外，挤奶员在转盘中央操作，可充分利用挤奶台的面积，单人操作的转盘有13～15个床位，双人操作的则为20～24个床位，而且配有自动饲喂装置和自动保定装置。

六、防疫设施

1. 消毒池和消毒室

生产区入口处应设消毒池，要求不漏水，耐酸碱，坚固，平坦，能承受进出车辆的碾压。池底有坡度，长宽能通道车辆，一般长3.8～4.2m，宽3.0m，深0.2～0.4m。消毒池一侧设消毒室，是人员进出的通道。消毒室分为两间。一间为更衣室，另一间为紫外照射室。此外，消毒池两侧还要装紫外线设备。

2. 隔离牛舍

隔离牛舍为隔离外购牛或本场已发现的、可疑为传染病的牛。

七、粪尿池

粪尿不能直接从牛场排出，必须经发酵处理后才能排放。一般，粪尿池与牛舍保持 100 ~ 200m 的卫生距离，其大小根据养牛规模和贮存周期来确定，一般可按每头成年牛 0.3m^3、每头犊牛 0.1m^3计算，以能贮满一个月的粪尿为准，每月清除一次。

八、浴蹄池

蹄病是奶牛常见病之一，为预防蹄病的发生和其他疾病的传播，经常浴蹄是必要的。浴蹄池设在挤奶后回去的过道上，池的宽度同过道基本一致，或设在挤奶间的出口，宽度稍宽过出口，深度为 15cm，长度不少于 2.0m，以保证所有挤奶牛都得到浴蹄。浴蹄池用水泥浇筑加防渗粉抹平，在池的一角设排水口。浴蹄池内的药物溶液，要经常更换，保持有效浓度。

九、地磅与装卸台

规模养殖场要设 20t 左右的地磅。装卸牛台用于牛的装卸（见图 7-9）。如若想节省资金，也可不加护栏。

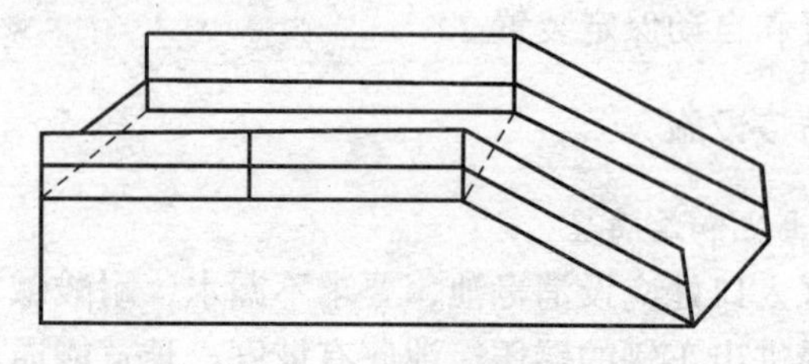

图 7-9　装卸牛台

第三节　范　　例

泰安市金兰奶牛养殖有限公司成立于 2003 年 8 月，占地 200 亩，建 20 栋牛舍和现代化挤奶厅，可饲养3 000头奶牛。场内牛舍牛棚设计简单，适宜农户参考建设。下面就公司的牛场建设做一下介绍。

选址：公司位于泰安市岱岳区满庄镇，104 国道奇瑞汽车 4S

店处西行 4km（公里）的丘陵上，四周均是丘陵农田，空气清新，远离居民区，并且无工业污染源。

布局：如图 7-10 所示，除此之外，大门入口处设消毒池，办公室与生产区设绿化带，在院外还设有两个大青贮壕，门外设有装牛台

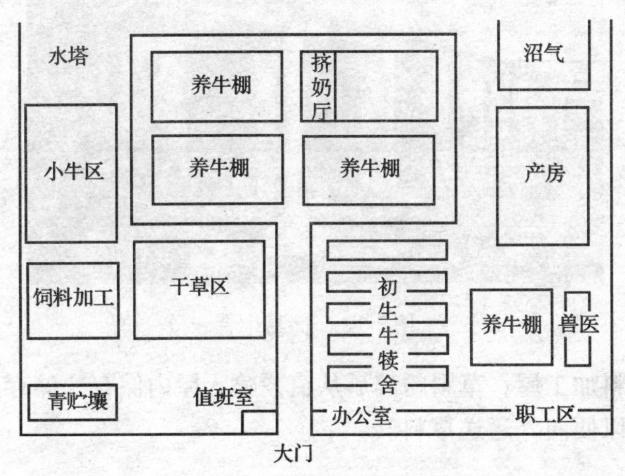

图 7-10　金兰奶牛场生产布局

初生牛犊舍：如图 7-11 所示，牛犊舍两侧各设有一门，栏上焊有铁支架，在冬季可蓬上塑料并加盖草苫以保暖，夏季将舍的窗户打开以便通风降温。

图 7-11　犊牛舍

产房：采用全封闭式房舍建筑，牛栏内铺褥草以保暖。

牛棚：如图 7-2 所示，两个运动场共用一个饲喂牛棚，运动场周围设水槽，在炎热的夏季，可以在运动场上空加遮阳网。每个运动场还建有许多供牛休息避雨的简易牛舍。如图 7-12 所示。

图 7-12　简易牛舍

草料加工屋：草料粉碎后从窗户喷入屋内储存，储存屋有宽的大门以便向外运送草料。

第八章　羊场、兔场及特禽养殖场

第一节　羊　场

舍饲与放牧是羊养殖的两种饲养方式。事实证明，舍饲与放牧相结合的饲养体制在充分满足羊只生理要求的情况下可使其表现最好的生产性能。舍饲需要搭建羊舍及运动场，并配置相应的设施、设备。

一、羊舍类型及建筑要求

1. 羊舍类型

羊舍是羊饲养所必需的设施，是羊休息、生活的地方。由于我国南北气候等因素的差异，表现出来羊舍的类型多种多样，根据不同的划分标准，可将羊舍划分为若干类型。

(1) 根据羊舍四周墙壁封闭的严密程度

羊舍可划分为封闭舍、开放与半开放舍和棚舍三种类型。不同的羊舍有不同的特点，对于国内各地区也有不同的适应性。封闭舍，四周墙壁完整，保温性能好，适合较寒冷的地区采用；开放与半开放舍，三面有墙，其中开放舍一面无长墙，而半开放舍一面有半截长墙，其特点是保温性能差，通风采光好，适合于温暖地区，是我国较普遍采用的类型；棚舍，只有屋顶而没有墙壁，仅可防止太阳辐射，适合于炎热地区。

(2) 根据羊舍屋顶的形式

羊舍可分为单坡式、双坡式、拱式、钟楼式等类型。单坡式羊舍，跨度小，自然采光好，适用于小规模羊群和简易羊舍选用；双坡式羊舍，跨度大，保暖能力强，但自然采光、通风差，适合于寒冷地区采用，是最常用的一种类型。在寒冷地区还可选用拱式、双坡式、平屋顶等类型；在炎热地区可选用钟楼式羊舍。

（3）根据羊舍长墙与端墙排列形式

可分为“一”字形，“┌”字形或“门”字形等。其中“一”字形羊舍采光好、均匀、温差不大，经济适用，是较常用的一种类型。

此外，根据南方炎热潮湿的气候特点，修建具有漏缝地板的吊楼式羊舍，在山区利用山坡修建地下式羊舍和土窑洞羊舍等。近来我国北方又推广塑料棚舍养羊。

我国幅员广大，气候各异，各地应根据当地气候特点、建筑材料、经济条件、羊的品种等分别选用墙、屋顶、排列形式组装，以满足羊的要求。封闭式的房屋式羊舍（见图8-1）是北方农民普遍采用的羊舍类型之一；气候潮湿、炎热的南方地区多采用楼式羊舍（见图8-4）；气候温暖或考虑建筑成本可用开放与半开放式羊舍（见图8-3）；仅考虑建筑成本可用简易棚舍（见图8-2）；寒冷地区冬季养羊可选用塑料暖棚羊舍。

图8-1　平顶双列式封闭羊舍

2. 羊舍基本结构和建筑要求

（1）地面

关于地面，总体要求是要干燥，又利于清洁和消毒。建筑材料有黏土、砖、石、水泥等。黏土地面造价最低，但不便消毒；石地面和水泥地面不保温、太硬，但便于清扫和与消毒。砖地面

图 8-2　简易羊棚

图 8-3　半开放式羊舍及运动场

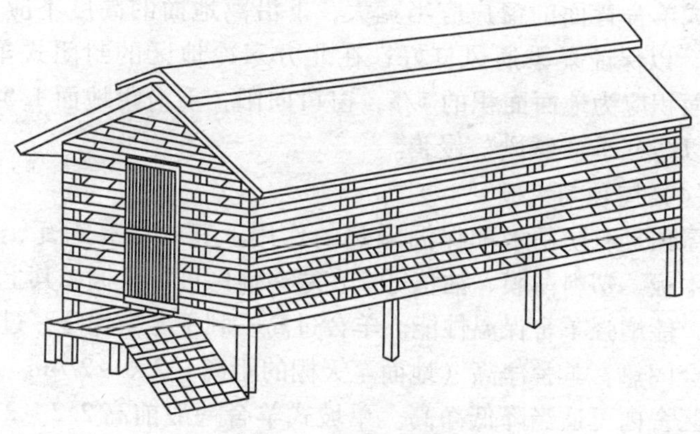

图 8-4　吊楼式羊舍

和木质地面，保暖，也便于清扫和消毒，但成本较高。饲料间、人工授精室、产羔室可用水泥或砖铺地面，以便消毒。此外，可以在羊舍中架设漏缝地面，漏缝地面可防止羊只与粪便接触，在某些地方已普遍采用。漏缝地面用软木条或镀锌钢丝网等材料做成，木条宽3.2cm，厚3.6cm，缝隙宽1.5cm，适宜于成年羊和10周龄以上羔羊使用。镀锌钢丝网眼，要略小于羊蹄的面积，以免羊蹄漏下伤及羊身。

（2）墙

墙在畜舍保温上起着重要的作用。我国多采用土墙、砖墙和石墙等。土墙造价低，导热小，保温好，但易湿，不易消毒，小规模简易羊舍可采用。砖墙是最常用的一种，其厚度有半砖墙、一砖墙、一砖半墙等，墙越厚，保暖性能越强。石墙，坚固耐久，但导热性大，寒冷地区效果差。

（3）门和窗

门：一般门宽2.5～3.0m，高1.8～2.0m，可设为双扇门，便于大车进出运送草料和清扫羊粪。按200只羊设一大门。留作驱赶羊只的用门可窄小一些，以便于开关。寒冷地区在保证采光和通风的前提下少设门，也可在大门外添设套门。窗：一般宽1.0～1.2m，高0.7～0.9m，窗台距地面高1.3～1.5m。开放半开放式羊舍背面的窗户应当宽大，下沿离地面的高度不应多于80cm，以保证夏季通风良好；在北方寒冷地区的封闭式羊舍，窗户面积应为地面面积的1/5，窗口向阳，下沿距地面1.5m以上，以防冬季“贼风”侵袭。

（4）屋顶与天棚

屋顶具有防雨水和保温隔热的作用。其材料有陶瓦、石棉瓦、木板、塑料薄膜、油毡等。在寒冷地区可加天棚，其上可贮冬草，能增强羊舍保温性能。羊舍过高不利于冬季保暖，过低夏季又会闷热，羊舍净高（地面至天棚的距离）2.0～2.4m。在寒冷地区舍内可适当降低净高。单坡式羊舍一般前高2.2～2.5m，后高1.7～2.0m，屋顶斜面呈45°角。

(5）运动场的设置

呈“一”字排列的羊舍，运动场一般设在羊舍的南面，低于羊舍地面60cm以下，向南缓缓倾斜，以砂质壤土为好，便于排水和保持干燥。周围设围栏，围栏高度2.0~2.5m。

(6）建筑面积

羊舍面积大小，根据饲养羊的数量、品种和饲养方式而定。面积过大，浪费土地和建筑材料；面积过小，羊在舍内过于拥挤，环境质量差，有碍于羊体健康。表8-1列出了各类羊只羊舍所需面积，供参考。产羔室可按基础母羊数的20%~25%计算面积，运动场面积一般为羊舍面积的2~2.5倍，成年羊运动场面积可按4m²/只计算。

各类羊只所需的羊舍面积 **表8-1**

类　　型	面积（m²/只）	类　　型	面积（m²/只）
春季产羔母羊	6	成年羯羊和育成公羊	0.7~0.9
冬季产羔母羊	1.4~2.0	一岁育成母羊	0.7~0.8
群养公羊	1.8~2.25	去势羔羊	0.6~0.8
种公羊（独栏）	4~6	3~4个月的羔羊	占母羊面积的20%

(7）围墙及隔栏

可用篱笆或铁栏杆作为围墙或隔栏，从而可保持圈内通风，利于防暑。也可砌成1m高砖墙。种公羊圈墙高度应在1.5m左右，并保证结实牢固。

二、舍内设施及配套设备

1．饲槽、草料架

饲槽用于冬春季补饲精料、颗粒料、青贮料和供饮水之用，草架主要用于补饲青干草。饲槽和草架有固定式和移动式两种（见图8-5）。固定式饲槽可用钢筋混凝土制作，也可用铁皮、木板等材料制成，固定在羊舍内或运动场内。草料架可用钢筋、木条和竹条等材料制作。饲槽、草架设计制作的长度应使每只羊采食时不相互干扰，羊脚不能踏入槽中或架内，并避免架内草料落在羊身上影响羊毛品质。

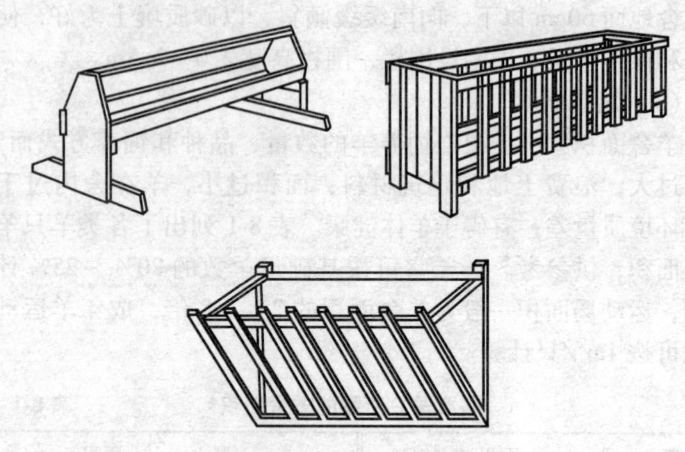

图 8-5　木制饲槽和草料架

2. 分羊栏

分羊栏供羊分群、鉴定、防疫、驱虫、称重、打号等需要把羊分开的生产技术性活动中用（见图 8-6）。分羊栏有许多栅板联结而成，在羊群的入口处为喇叭形，中部为一小通道，可容许羊只单行前进。沿通道一侧或两侧，可根据需要设置 3～4 个可以向两边开门的小圈，利用这一设备，就可以把羊群分成所需要的若干小群。

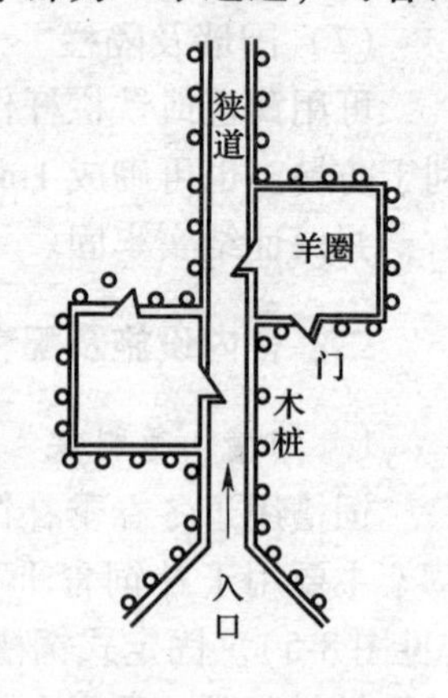

图 8-6　分羊栏

3. 活动围栏

活动围栏主要用于临时分隔羊群及分离母羊与羔羊之用（见图 8-7）。可用木板、木条、原竹、钢筋、铁丝等制作。栏的高度视其用途可高可低，羔羊栏 1～1.5m，大羊栏 1.5～2m。可做成移动式，也可做成固定式。

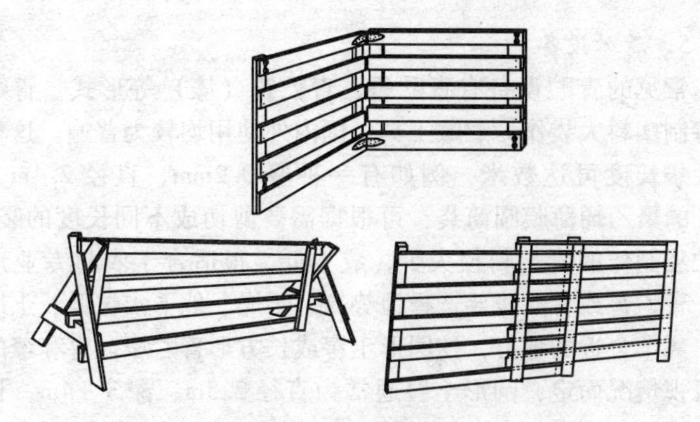

图 8-7　各类型围栏

4. 药浴设备

药浴设备是为羊设置的为了防治羊只外寄生虫的，如药浴池，是用砖、石、水泥等建造成狭长的水池（见图 8-8），长约 10～12m，池顶宽 60～80cm，池底宽 40～60cm，深 1～1.2m（以装了药液后羊不致淹没头部为准）。入口处设漏斗形围栏，羊群依次滑入池中洗浴，出口有一定倾斜坡度的小台阶，使羊缓慢地出池，不被滑倒，让羊在出浴后停留时身上的药液流回池中。羊场羊只较少时可用小型浴槽、浴桶或浴缸，小型浴槽液量约为1 400L（升），可同时将 2 只成年羊（或小羊 3～4 只）一起药浴，并可用门的开闭调节入浴时间。

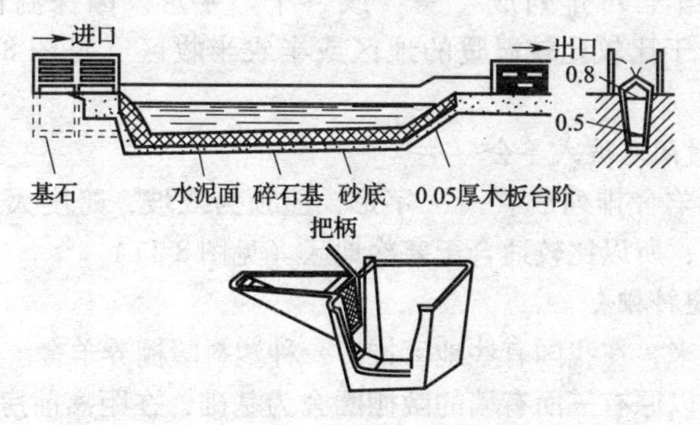

图 8-8　药浴池与药浴槽

5. 青贮设备

常见的青贮设备有青贮袋、青贮窖（壕）等形式。青贮袋用特制塑料大袋作为贮藏工具，国内外使用均较为普遍。这种塑料大袋长度可达数米，例如有一种厚0.2mm、直径2.4m、长60m的聚乙烯薄膜圆筒袋，可根据需要剪切成不同长度的袋子。青贮袋制作的青贮料损失少，成本低，很适合于农村专业户使用。青贮窖或青贮壕要选择地势高、干燥、地下水位低、土质坚实、离羊舍近的地方，挖圆形土窖或长方形青贮壕。窖和壕的大小可视情况而定，圆形土窖通常为直径2.5m、深3～4m，长方形青贮壕，宽3.0～3.5m、深10m左右，长度视需要而定，通常为15～20m。用青贮壕和青贮窖进行青贮，设备成本低，容易制作，尤其适合北方农牧区。缺点是地窖中容易积水而引起青贮料腐烂，所以必须注意周围排水。

6. 水井

如果羊场无自来水，应打水井。为保护水源不受污染，水井应离羊舍50m以上，设在羊场污染源的上坡上风方向，井口应加盖并高出地平面，周围修建井台和护栏。

三、范例

1. 半开放式羊舍

这种羊舍可排列成“一”或“┌”字形。因保温性能较差，适合于比较比较温暖的地区或半农半牧区（见图8-9、图8-10）。

2. 封闭双坡式羊舍

这种羊舍排列成“一”字形，屋顶为双坡，跨度大，因保温性能好，所以比较适合于寒冷地区（见图8-11）。

3. 塑料棚舍

近年来，在我国有些地区推广一种塑料暖棚养羊舍。这种羊舍一般是以原有三面有墙的敞棚圈舍为基础，在距离前房檐2～3m处筑一面高1.2m左右的矮墙，矮墙中部留一个约2m宽的舍门，矮墙顶端与棚檐之间用木框支撑，上面覆盖塑料膜，并用木条固定。舍门以门帘遮挡，东、西端墙上距棚顶最高处各设一个进气孔。见图 8-12。

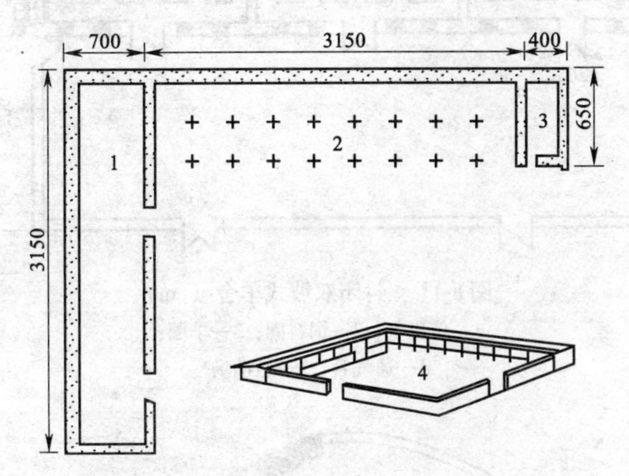

图 8-9　开放、半开放结合单坡式羊舍（cm）

1—半开放羊舍；2—开放羊舍；3—工作室；4—运动场

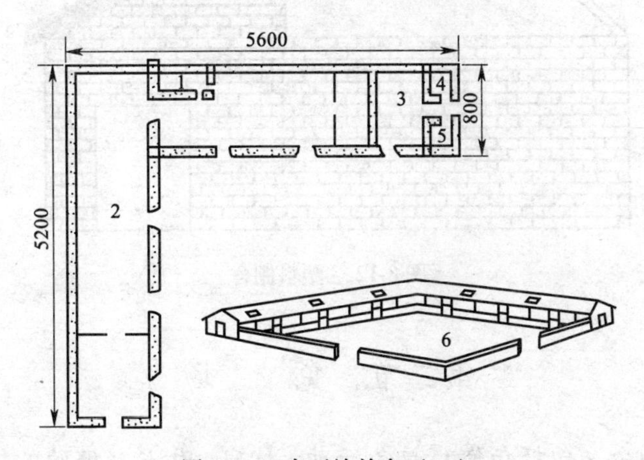

图 8-10　半开放羊舍（cm）

1—人工授精室；2—普通羊舍；3—分娩栏室；

4—值班室；5—饲料间；6—运动场

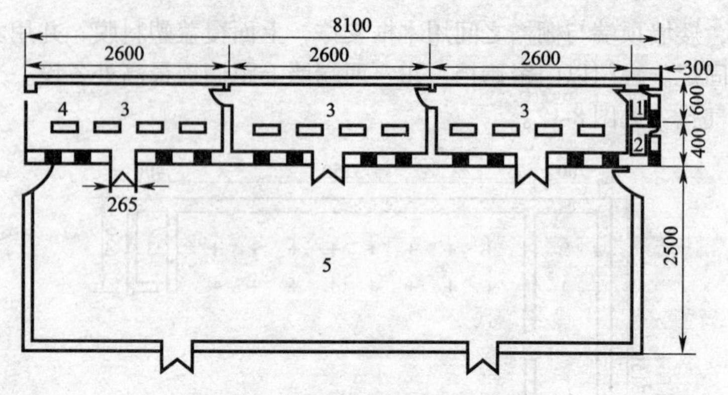

图 8-11　封闭双坡式羊舍（cm）

1—值班室；2—饲料间；3—羊圈；

4—通气管；5—运动场

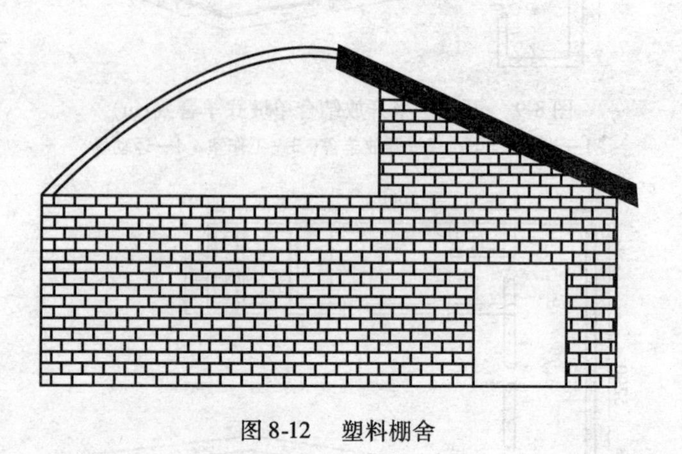

图 8-12　塑料棚舍

第二节　兔　　场

兔舍（包括兔笼）是兔活动、休息、生长、繁殖的场所，是兔生命活动的外界环境，建筑与设施安排得科学与否，直接影响兔的生产性能。

一、兔舍类型及建筑要求

兔舍的形式，依兔的饲养方式而定。常见的兔舍形式有以下几种：

1. 栅栏式兔舍

可分为兔舍和运动场两部分（见图 8-13）。兔舍可用空闲的旧房，也可专门修建。在兔舍内用 80～90cm 高的竹片、竹条或铁丝网隔成多个小圈。小圈的面积可根据每组兔的数量而定，一般长为 3m，宽为 2m。小圈的一端通向室外，即为运动场。运动场也用同样高的竹片、竹条或铁丝网甚至是土坯隔开，场内放置食槽、草架和饮水器，舍内地面应铺漏粪板或垫褥草，室外运动场一般铺砂，有条件的地区最好铺漏粪板或用砖砌，以保持兔体清洁和防病。每小圈可养幼兔 30 只，青年兔 20 只。

这种兔舍的优点是：饲养量大；省工省料，成本较低；容易观察和管理；兔呼吸到较新鲜空气和充足光照并能得到充分运动。缺点是：兔舍利用率低；不利于掌握每只兔的食性与食量，而且易传染疾病和发生殴斗。

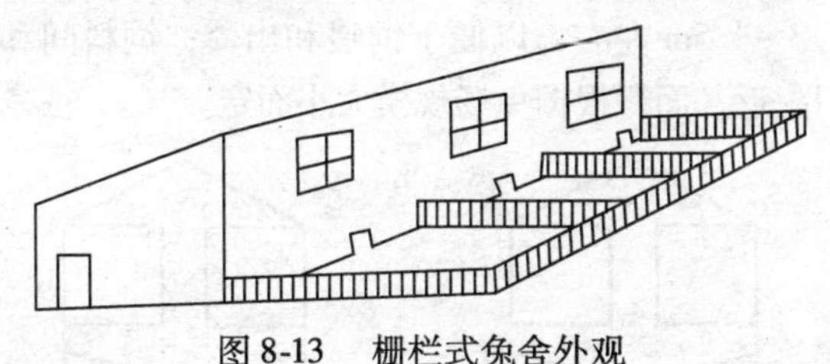

图 8-13　栅栏式兔舍外观

2. 地沟式兔舍

地沟式兔舍与栅栏式兔舍类似，只是地沟式兔舍的小圈用地沟代替。选择排水良好，地势较高且干燥的地方，挖一个深 1.2m、宽 0.7m、跨度为 2m 的沟；前面挖成一个斜坡，便于兔子跑出外面。在沟的上面，用土坯盖成一避水小房，正面留窗，窗下有门。门外设运动场，房后有排水沟。这种兔舍的优点是比栅栏式兔舍造价还要低，而且冬暖夏凉，这与家兔喜凉怕热和打洞穴居的习性相适应。缺点是：不便于管理和打扫，雨季较潮湿。

3. 笼养兔舍

笼养是目前使用最多、应用最广泛的一种饲养方式。按兔笼的放置地点，又可分室外和室内两种方式。

(1) 室外笼养兔舍（露天兔场）

室外笼养兔舍（见图8-14）是建在室外的简单兔舍，它即是兔舍又是兔笼。适用于在温差较小的或季节性生产的地区。室外兔笼一般被建成立成三层多联固定式，建造时要注意：笼底尽量高一些，以利防潮；笼壁一般用砖砌，可厚一些，以利防暑抗寒；笼顶覆盖瓦片有檐，前檐宜长，后檐宜短，以利防雨遮阴。为了适应露天条件，最好在室外笼舍旁种树遮荫，或在笼顶上搭凉棚；冬季在前沿可加塑料布，并且把后窗堵死，以防北风和西北风的侵袭，有利于保温。竹片作漏粪笼底，下设水泥制的承粪板。建造室外笼养兔舍的养兔场还要建造围墙、堆粪场、饲料间和管理室、通道等相应建筑和道路：围墙，建在室外笼养兔舍周围，一般用砖砌成，高度为2.5m，主要用于防兽害和盗贼，还可挡风；贮粪场，应设在围墙外，利于卫生与积肥；通道，主通道2m左右，笼间通道以能通小车为标准，约1.3～1.5m左右，以便于饲喂和出粪；饲料间和管理间位置设在大门附近，面积根据兔场规模大小而定。

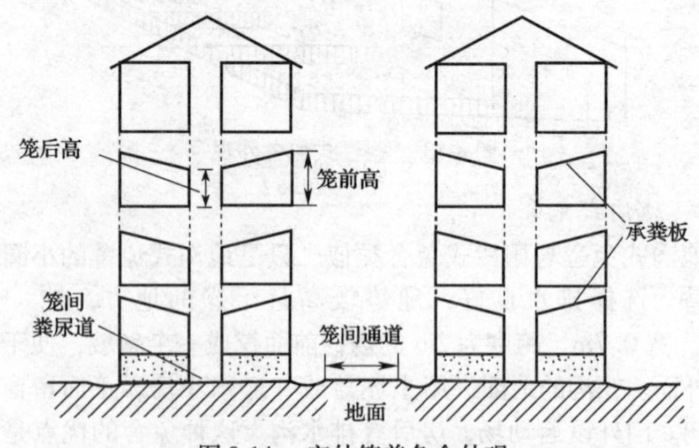

图8-14　室外笼养兔舍外观

（2）室内笼养兔舍

室内笼养兔舍的形式多样，根据屋顶的形式可分为单坡式、双坡式、平顶式、圆拱式、钟楼式、半钟楼式等，根据通风情况有封闭式、开放式、半开放式等（见图8-15），根据兔笼的排列方式又可分为单列式、双列式兔舍。

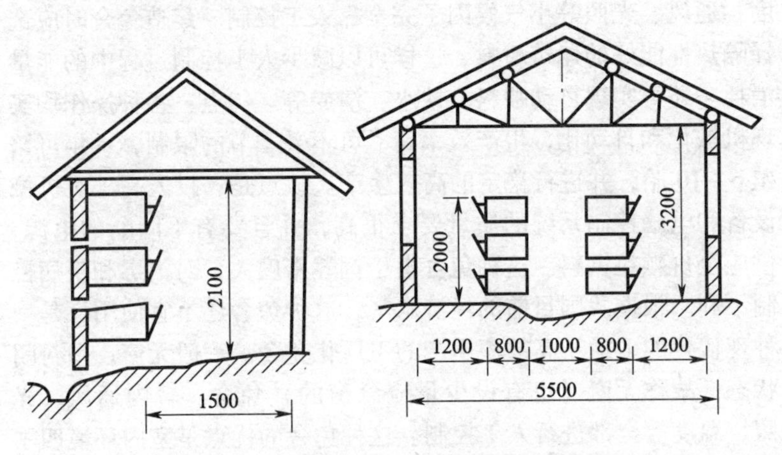

图8-15　室内半开放式、封闭单列式兔舍

开放式兔舍：多用于气温较高的地方。这种兔舍只设屋顶，没有围墙，屋顶一般建成坡式、双坡式、平顶式。屋顶用柱子支撑，柱子一般可用木柱或水泥柱。屋顶应高一些，屋檐的高度不得低于2m。一般跨度为3m，设两排兔笼，面对面摆放，笼间通路宽度不得低于1.5m。

半开放式兔舍：半开放式兔舍是目前使用最多的室内笼养兔舍。这种兔舍四面有墙，并设置门窗，以便调节舍内温度、湿度、通风、光照等各种小气候因子。根据兔舍的跨度宽窄来决定排列兔笼的数量。但应做双数排列，这样可以更加有效的利用舍内面积。最常见的是双排笼兔舍和四排笼兔舍。个别也有六排笼兔舍和八排笼兔舍的，但因跨度大，室内小气候不易调节，而且兔舍造价过高，所以使用不多。兔舍内的兔笼面对面摆放的，中间是主干道，用于工作人员操作，所以道宽不应低于1.5m。背对背排列的，中间是排粪道，排粪道不可过于狭窄，一般应当在0.7m以上。否则工作人员无法进去清除粪尿。有的半开放式兔舍两边靠墙的兔笼不设排粪道，直接把粪尿排到室外。这样可节约地方，充分利用兔舍内的面积，但不利于防鼠和保温。

封闭式兔舍：四周全部封闭，不设窗户，舍内的温度、湿度、通风、光照等小气候因子完全靠人工控制。建造兔舍时应选择隔热性能好的建筑材料，这样可以减少人工控制过程中的能量消耗。还可实现自动喂料、饮水、清粪等。优点：各种操作均实现机械化和自动化，生产效率高，可不受季节的限制，一年可繁殖6~10胎，并进行稳定的高效生产。缺点是：投入高，对机械设备和电脑控制系统的质量要求很高，并且要有不间断的电源，供应全价颗粒饲料。这种兔舍由于饲养密度大，对消毒和疾病控制不利。根据我国目前的经济水平，这种兔舍还不宜使用，是一种现代化的、适于高效率生产的工厂化兔舍。一般无窗，呈封闭状态，故称无窗（也有设少量应急窗的）兔舍。舍内通风、光照、温度等全部进行人工控制。这种兔舍的优点是室内环境四季如春，达到生产的理想需要，不受季节影响，一年四季均衡繁殖和育肥，生产效率高，可年繁8窝（有高达10窝的），而且省劳力，但投资大，要求供电均衡，机械设备质量高，供给全价饲料，利用专门的品种。这种方式主要用于肉兔的商品生产。

工厂化兔舍：目前在法国、比利时、意大利、匈牙利等国有一定应用，由于社会经济条件差异，物价差异，建造工厂化兔舍应进行投入产出测算，以效益决策其形式，不宜盲目推广。由于我国兔价低，而草料贵，设备贵，故一直未能广泛采用。

总之，形式是多种多样的。各地可根据本地区的气候条件，建筑材料等情况选用。

二、兔笼

1. 兔笼的基本要求

建造兔笼一般应考虑造价低，经久耐用，便于操作和洗刷，符合家兔的生理要求。生产中常见的兔笼的规格可参考表 8-2 和表 8-3 设计。

室外兔笼的规格（cm）　　表 8-2

兔的类型	长	宽	前檐高	后檐高
中型兔笼	120	60	70 ~ 80	45
大型兔笼	150	70	70 ~ 80	45

室内兔笼的规格（cm）　　表 8-3

兔笼形式	兔的类型	长	宽	高
单个兔笼	中型兔	61 ~ 76	76	46
	大型兔	76 ~ 91	76	46
带仔母兔笼	中型兔	91 ~ 122	76	46
	大型兔	122	76	46

笼门可用竹片、细竹条、打眼铁皮、粗铁丝或铁丝网制成，安装要求既便于操作，又能防御野兽入侵。

笼底板，最理想的是用毛竹片钉制而成。竹片要光滑，每根竹片宽 2. 5cm，竹片间距为 1cm，竹片方向应与笼门垂直，可预防兔脚形成划水姿势，笼底板应装成活动的，便于定期取下消毒。

承粪板，一般用水泥制成。在多层兔笼中，即为下层兔笼的笼顶。前面应突出笼外 3 ~ 5cm，伸出后壁 5 ~ 10cm，并向后壁倾斜，倾斜角度为 15°左右，可使粪尿经板面直接流入粪沟，便于清扫。

笼壁，兔笼内壁必须光滑，以防伤及兔的皮毛和便于除垢消毒。可用砖或水泥预制板砌成。也可用竹片、金属板或金属网板制成。如果用金属板作原料，应在其表面涂一层防锈漆。笼壁 6cm 以下最好不要用金属，因兔子小便时要顶住后墙，尿顺墙而下，金属则易腐蚀生锈。

笼底板与承粪板和第一层兔笼与地面之间都应有适当的空间，便于清洁、管理和通风。一般笼底板与承粪板之间的距离，前面为14~18cm；后面为20~25cm；第一层兔笼与地面之间的距离为30~35cm。

食槽、草架和饮水装置最好都安放在兔笼前壁或门上，尽量做到不开门喂草、喂食和给水，以便于操作和节省时间。

各类兔笼均应以结实、牢固为原则。一则防止鼠害；二则防止雨、雪、风等侵袭，还要预防烈日曝晒。

2. 兔笼的形式

(1) 活动式兔笼

适用于家庭少量饲养。主要式样有：单层活动式兔笼、双联单层活动式兔笼、单间多层活动式兔笼、双联多层活动式兔笼(见图8-16)。这类兔笼可用木或竹做支架，四周用小竹条或竹片钉造而成。间距不宜太疏或太密，以1cm为宜。双联式兔笼

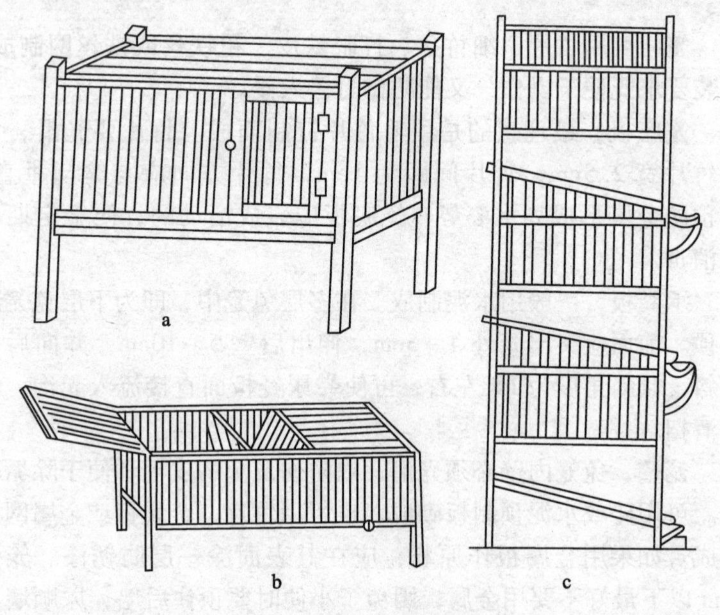

图8-16　活动式三层兔笼

的特点是两个兔笼之间设置"V"字形草架，笼底构造和一般兔笼相同。多层活动式兔笼的底层笼顶即为上层的承粪板，故底层笼顶应稍向前或向后倾斜，并应是水泥板或用油毛毡覆盖。

（2）固定式兔笼

固定式兔笼又分室内固定式兔笼与室外固定式兔笼两种。

1）室内固定式兔笼

江苏省农科院畜牧兽医研究所种兔场设计的室内固定式兔笼（简称农科－Ⅱ号兔笼），结构简单，饲养管理方便，可大力推广。现详细介绍如下：

兔笼为水泥预制品结构或砖木结构。总高度为1.93m，共三层，第三层笼底的净高度为1.49m，使中等身材的人饲管时能操作自如，管理方便。

笼门：门框为木结构，门面由钢板网制成，门框内侧用竹条保护，防止兔把木门啃坏。笼门的左侧安装活动草篮，右侧下端安活动食盆，操作方便，整齐美观。

草篮：批圆铁和钢板网焊接而成，长27cm，宽28cm（小于笼门周框各1cm），加青草时可将草篮拉开，草篮外侧为钢板网，喂青草时能挡住，免得落到地面造成损失或污染环境。在母兔产仔哺乳期间可将草篮关闭，以防幼兔跌落地面而造成伤亡。内侧是批7根纵向$\phi4$圆铁制作而成，间距4cm，兔能自由采食青草。两侧是由4根纵向$\phi4$圆铁制成，间距5cm。这种形式的草篮，即卫生又少浪费青料，不占兔笼面积，草篮下端以轴固定，可自由启闭，喂草时不必开门，极其方便。

食盆：为半圆形白铁制品，长20cm，高6cm，半径为14cm，在食盆两侧各伸出2cm铁皮挡头。食盆安装在笼门下面，有木板可以固定，能进能出，便于饲喂和清理。

2）室外固定式兔笼（见图8-17）

一般为砖木铁丝网板结构，笼底用活动竹条漏粪板。为防止潮湿，底层离地面应有20cm以上的高度。如属多层结构，则下

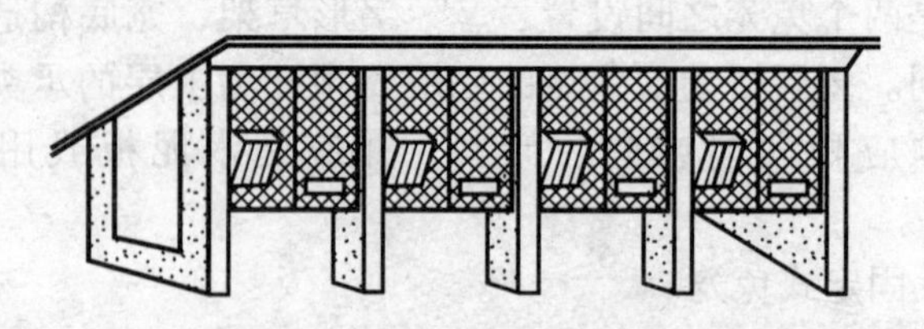

图 8-17　室外固定式单层兔笼

层笼顶即为上层的接粪板，须用水泥抹光，或用油毛毡盖顶。室外养兔可以使兔有较强的生命力和耐寒性，并能提高毛皮的质量，而且造价较低，一般农户养兔宜采用这种兔笼。

三、舍内设施及配套设备

1．产仔箱

凡不带繁殖窝的兔笼都必须另设产仔箱。产仔箱可用1cm厚的木板制成，箱底最好有粗糙的条纹，使小兔走时不会滑脚（见图 8-18）。同时，还应有间隙或开几个小孔，以便流出尿液。

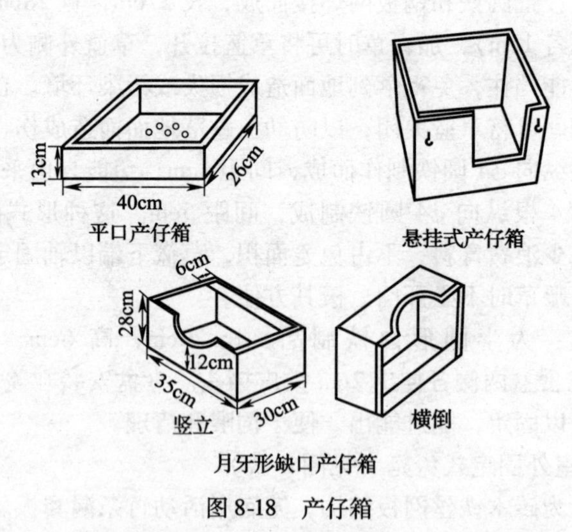

图 8-18　产仔箱

2. 食槽

食槽的种类很多（见图 8-19）。国外养兔多用自动食槽，内藏几天用饲料。食槽安装在笼内侧从笼外添加饲料，是比较理想的一种。

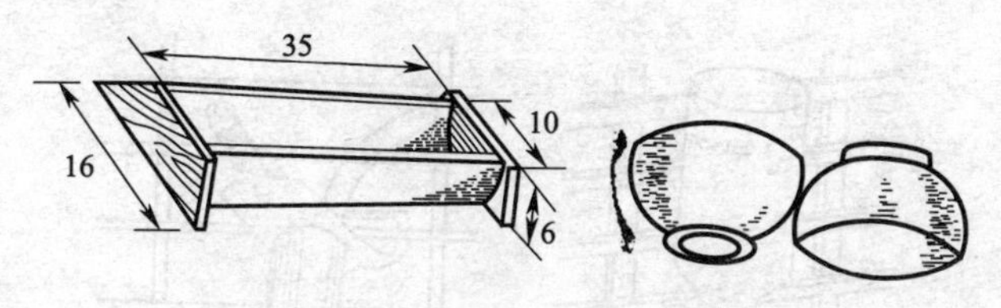

图 8-19　食槽、食碗（cm）

简单的食槽，可用毛竹筒劈成两半，除去中节，两端各钉长方形木片，使之不被翻倒。放在运动场内的食槽可长些，一般为 1 ~ 1. 5m，而安置在兔笼内侧饲喂小兔的食槽应小些。笼饲成年兔的食槽，一般用陶制食具或白瓷食皿，易于洗涤。

3. 草架（见图 8-20）

对于群饲的青年兔，应在运动场内设置草架。目的是保持草的清洁卫生，减少饲料浪费。笼饲兔的草架固定在兔笼门上，也可设于两笼之间。

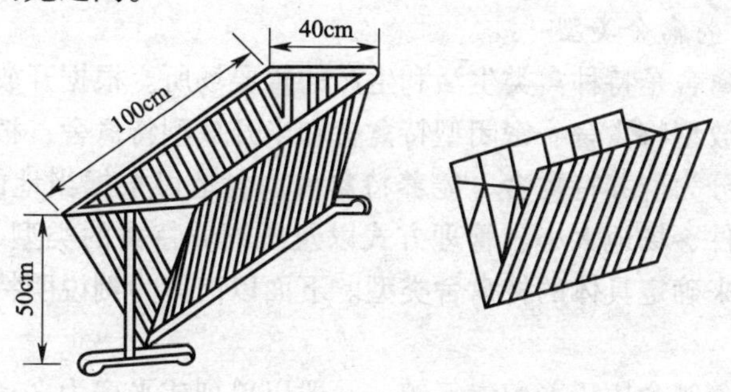

图 8-20　草架

4. 饮水器

要养好兔，必须给兔提供足够的饮水。最理想的是设置自流式饮水器。可用糖盐水瓶自制，即在糖盐水瓶口上接一条橡皮管，橡皮管的另一头接一节一头烧圆的玻璃管（见图8-21）。用时在瓶内装上水，将瓶倒挂在笼门右侧上角，玻璃管通过门上的孔隙固定在兔嘴能吸住的高度上。利用空气的压力，将水从瓶内压出，供兔饮用。

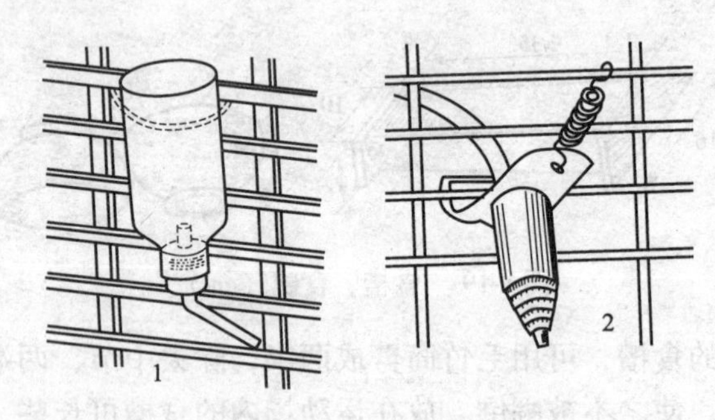

图8-21　兔用饮水器

第三节　特禽养殖场

一、特禽舍类型及建筑要求

1. 特禽舍类型

特禽舍是特种禽类生活和生产的重要场所。根据开放程度可分为开放型特禽舍、密闭型特禽舍和半开放型特禽舍；根据饲养方式可分为群养特禽舍、笼养特禽舍。各地可根据当地的气候、材料条件、场地大小、管理方式以及所饲养特禽的类型、品种、用途等来确定具体的特禽舍类型。下面以肉鸽为例说明特禽舍的类型。

群养鸽舍用于养殖青年鸽。一般以单列式平房为多，可以用旧房改造，也可用砖木或土木新建。单列式鸽舍，每幢宽5～5.2m，长12～18m。檐高2.5m，舍内用网或竹木隔成4～6个小间，每间可养50对乳鸽。每间鸽舍前后墙上应开前、后窗，前窗离地面可低一些，窗子面积为1.2～1.4m^2，前窗离地1～

1. 2m，以利于夏季的气候风进入舍内；后窗离地面为 1. 6 ~ 1. 8m，以避免冬季北风的侵袭。舍内地面以砖或三合土为好，要求地面光滑清洁，地面比运动场地面高 30 ~ 40cm，这样可保持栖息环境的干燥。每间鸽舍的阳面设运动场，其长度和宽度与鸽舍相似，四周高度为 2. 5 ~ 2. 8m，可用钢材、圆木或水泥柱和镀锌钢丝网围隔，顶部用尼龙网遮盖。为便于操作和管理，运动场的门位置应与鸽舍的门一致。

笼养鸽舍

所谓笼养是把已配对的生产种鸽一对一对的分别关养，让它们分住、分食和分饮。其优点是鸽舍结构简单、造价低廉，管理方便，鸽群安定，鸽舍利用率较高等。这种鸽舍有以下两种：

（1）双列式鸽舍

屋架常采用人字式，北檐高 2. 5m，南檐高 2. 8m（见图 8-22）；如用玻璃钢瓦或石棉瓦盖平顶式，应注意加固堵漏，以防龙卷风、台风和暴风的袭击。鸽舍的进深为 2. 2m，中央需有 0. 8 ~ 0. 9m 宽的操作道，四周设排水沟。鸽笼相向而立，可有 3

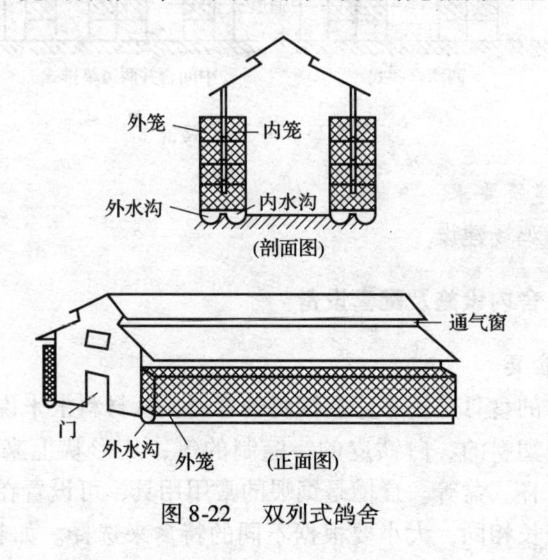

图 8-22　双列式鸽舍

层或4层笼舍，笼外由上到地面采用棚布吊挂为好，冬天可放下篷布保暖，其他季节可卷起篷布达到通风透光的目的。笼的外面和上层为铁丝网，靠操作道的一侧设有木质门或竹木门，食槽和保健砂杯挂于笼门上，便于喂食和观察。为方便供水和冲洗，在笼的外侧要安装通长水槽。笼子宽为60cm、深为60cm，高为55cm，上、中、下3层笼之间不设间隔，最下层的底离地面约20～50cm。每排笼舍的长度如为3层笼舍则一般为18～21m。

（2）单列式鸽舍

单列式、双列式鸽舍的结构基本相似（见图8-23）。单列式鸽舍只有向阳的一侧安置鸽笼，阴面用砖砌墙，墙上开几个窗口，这是与双列式不同的地方。单列式鸽舍的优点是坐北朝南，所以阳光充足，通风良好，冬季保暖。但其不足之处是单位面积饲养量要比双列式减少一半且占地面积较大。

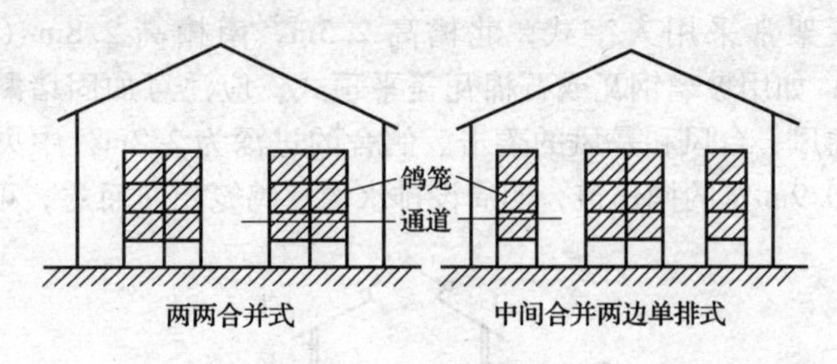

图8-23 单列式鸽舍

2. 建筑要求

参考鸡场建设

二、舍内设施及配套设备

1. 食具

特禽的食具是用来盛装饲料的容器。从材料上来说可以是竹木制的、塑料的、白铁皮的、瓷制的等；从形状上来说可以是槽、碗、杯、盆等。食槽是饲喂的常用用具，可设置在特禽笼外槽长与笼长相同，大小要根据不同的特禽来选择。如鹌鹑食槽，可宽7.5cm，深2～3cm，育雏用的食槽可根据实际情况适当降低深度；因鹌鹑采食时有勾头的现象，可在食槽靠近鹌鹑身体的一边做高约0.5cm的回挡，育雏阶段则可在食槽上放置1.5cm×1.5cm的铁丝网罩，防止饲料的浪费。食具也可是市售的鸡用的料盘，但应注意根据所养特禽的大小、生长阶段和生活习性来选择。

2. 饮具

饮具（见图8-24）是用来盛装饮水的。材料与形状与食具类似。水槽长度为料槽的1/2。也可用市售的饮水器来供给特禽饮水，但要注意其规格要与所养的特禽类型相符合。

3. 其他用具

如鸽用保健砂槽（或碗），巢盆（供种鸽产蛋、孵化和育雏用的，见图8-25），巢料架；善飞特禽要准备栖架。此外还需要一些其他设备，如饲料加工机械、孵化设备、育雏保温设备、产蛋箱、通风换气设备、运输工具等。还有断喙器、保存种蛋用的空调设备等。笼养禽舍还需规格适宜的笼具。

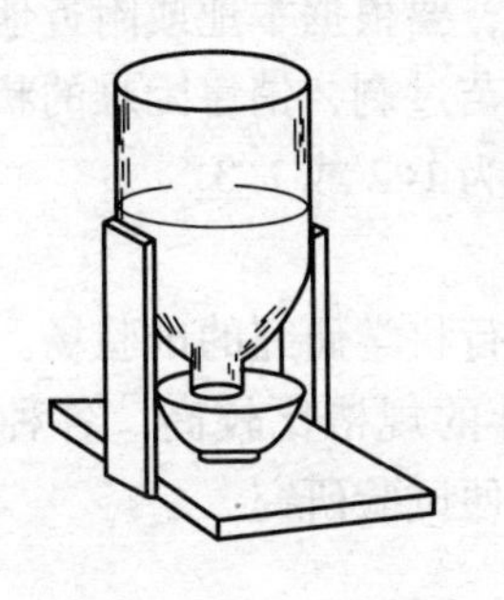

图8-24　鸽用饮水器

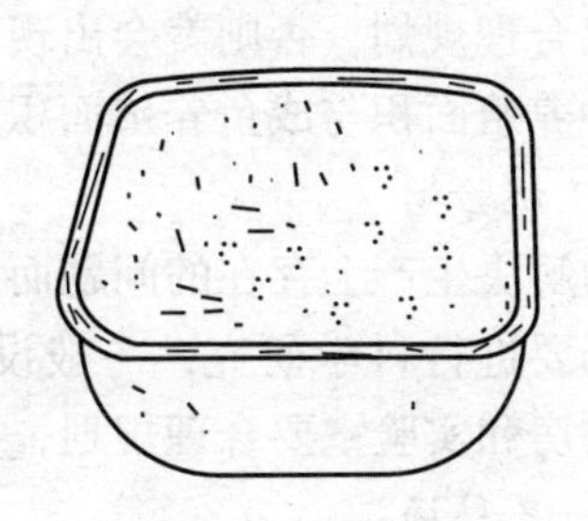

图8-25　塑料巢盆

第九章 养鱼场的建造

第一节 养鱼场的选址

一、养鱼场的类型

养鱼场是从事渔业生产的主要场所，根据其从事的主要生产活动，可以把养鱼场分为以下几类：

1．养殖场

从事鱼苗、鱼种的自繁、自育到成鱼养殖的全过程养殖生产，或者只从事成鱼养殖的养鱼场。

2．鱼苗（种）场

只从事繁殖鱼苗，培育鱼种，供应成鱼养殖户优质足量鱼种的养鱼场。这一类养鱼场不应过多，要根据本地或附近地区的实际情况合理规划，否则就会出现鱼苗过剩，销售困难的状况。一般鱼种养殖面积与成鱼养殖面积应为1∶2或1∶3。

3．试验场

为解决生产上存在的问题而进行科学研究的试验场。这一类养鱼场要进行科学研究，一般设计的规格比较高，各种试验鱼池、场房和实验室要合理规划，方便试验研究。

4．良种场

从事培育和提供优良养殖鱼类品种的养鱼场，也是保持鱼类纯种的基地。这类养鱼场建设一般要求比较高，从事的生产活动科技含量也较高，还要得到各地渔业主管部门的认证方可挂牌。因此一般这种养鱼场在省一级设立。

本章讲述的主要是第一类养鱼场的设计和施工，这也是目前我国广大农村所普遍采用的养鱼场。

二、养鱼场地的选择

养鱼场地的选择应根据养鱼生产的要求，详细了解当地的实际情况，并实地进行勘测，认真搜集资料，然后对勘测的各地点进行比较，慎重确定建场地点。

养鱼地点的选择应符合以下要求：

1. 水源水量充足，水质良好

没水怎么养鱼？所以，养鱼地点的选择首先要考虑水。原则上来说无论江河、湖泊、溪流、水库、涌泉还是地下水，甚至处理后的工业污水，均可养鱼。但是，有时一汪清水，看起来很洁净，却能毒死鱼。那么，怎样来确定该水是否能养鱼呢？

在野外，最简单的方法就是观察该水中是否有野生鱼类存活，以及野生鱼类活动状况是否良好。如果野生鱼类生长活动状况良好，则说明该水可以养鱼。

当然，在我们确定建场地点时，不应该这么草率，最好请科研单位进行详尽的水质分析，结合容器内作短期的饲养试验，来确定该水是否符合养鱼要求。我国规定的用于养殖的水源水质应符合我国渔业水域水质标准（表 9-1）。

渔业水域水质标准 **表 9-1**

编号	项　目	标　准
1	色、臭、味	不得使鱼、虾、贝、藻类带有异色、异臭、异味
2	漂浮物质	水面不得出现明显油膜或浮沫
3	悬浮物质	人为增加的量不得超过 10ml/L，而且悬浮物质沉积于底部后，不得对鱼虾贝藻类产生有害的影响
4	pH 值	淡水 6.5～8.5
5	生化需氧量（5 天，20℃）	不超过 5ml/L；冰封期不超过 3ml/L

续表

编号	项　　目	标　　准
6	溶解氧	24h 中，16h 以上必须大于 5ml/L，其余任何时候不得低于 3ml/L，对于鲑科鱼类栖息水域冰封期外任何时候不得低于 4ml/L
7	汞	不超过 0.000 5ml/L
8	镉	不超过 0.000 5ml/L
9	铅	不超过 0.1ml/L
10	铬	不超过 1.0ml/L
11	铜	不超过 0.01ml/L
12	锌	不超过 0.1ml/L
13	镍	不超过 0.1ml/L
14	砷	不超过 0.1ml/L
15	氰化物	不超过 0.02ml/L
16	硫化物	不超过 0.2ml/L
17	氟化物	不超过 1.0ml/L
18	挥发性酚	不超过 0.005ml/L
19	黄磷	不超过 0.002ml/L
20	石油类	不超过 0.05ml/L
21	丙烯腈	不超过 0.7ml/L
22	丙烯醛	不超过 0.02ml/L
23	六六六	不超过 0.02ml/L
24	滴滴涕	不超过 0.001ml/L
25	马拉硫磷	不超过 0.005ml/L
26	五氯酚钠	不超过 0.01ml/L
27	苯胺	不超过 0.4ml/L
28	对硝基氯苯	不超过 0.1ml/L
29	对氨基苯酚	不超过 0.1ml/L
30	水合肼	不超过 0.01ml/L
31	邻苯二甲酸二丁酯	不超过 0.06ml/L
32	松节油	不超过 0.3ml/L
33	1,2,3－三氯苯	不超过 0.06ml/L
34	1,2,3,4－四氯苯	不超过 0.02ml/L

利用湖泊、水库、河流作为水源养鱼，除了进行详尽的水质分析外，还应对其上游集水区域进行考察。对集水区域内有大型工厂、矿场、生活区或垃圾场的水体，最好不要作为养鱼水源。因为许多工厂排污情况很不稳定，经常会出现排放大量超标污水的情况，造成养殖损失，尤其是上游有水泥厂、电镀厂、化肥厂和化工厂等企业的水体。从煤矿、硫矿或其他矿场出来的水，一般 pH 值都过低或含硫量超标，也不适于养鱼；而生活污水和旁边有垃圾场的水源更是养殖大害，一旦经暴雨冲刷，污水和垃圾进入水体就会造成缺氧，引起养殖鱼突然死亡。

如果没有合适的地表水源，可以打井，利用地下水作为水源。但是井水常含二氧化碳过多，氧气缺乏，水温低，因此必须有大型蓄水池，曝晒 3 天后使用，或者利用较长的露天进水渠道，进行曝气后，使水充分与空气接触，增加含氧量，升高温度，方可使用。

除了考虑水源的水质外，还要勘察水源的水量，看它能否长期提供充足的养殖用水。这时不能单单考察当时所见的情况，还应详细了解近几年各季节的水量变化和附近农田灌溉用水情况，避免造成旱季供水不足的状况。因此，对当地的水文、气象、地形、土质等相关资料，要尽可能详尽地搜集，结合各季节养鱼生产注排水措施，进行核计。

2. 土质适宜

不同土壤的各种特性，如保水性、渗水性、黏附力、凝聚力、抗剪性、对鱼类的有害物质含量等，不但影响池塘施工质量的好坏和施工的难易程度，而且影响日后养殖生产中池水的环境条件，因此必须认真加以鉴定选择。

鱼池的施工质量要求：池不渗水，坝不坍塌。这就要求施工地点的土壤透水性小，保水力强，凝聚力强，抗剪强度大等。土壤一般可分为黏土、壤土、砂壤土、砂土、粉土和砾质土六大类。各种土壤的详细分类和粒级组配以及野外简易鉴定方法见表 9-2 和表 9-3。

土壤分类表　　　　表 9-2

基本土名	亚类土名	土粒含量（%）			
		黏粒（粒径<0.005mm）	粉粒（粒径0.005~0.05mm）	砂粒（粒径0.05~2mm）	砾（粒径2~20mm）
黏土（黏粒含量>30%）	重黏土	>60	—	—	
	黏土		小于黏粒含量	小于黏粒含量	<10
	粉质黏土	>30	小于黏粒含量	小于黏粒含量	
	砂质黏土		大于黏粒含量	大于黏粒含量	
壤土（黏粒含量30%~10%）	重壤土	30~20			
	中壤土	20~15	小于砂粒含量	大于粉粒含量	
	轻壤土	15~10			<10
	重粉质壤土	30~20			
	中粉质壤土	20~15	大于砂粒含量	小于粉粒含量	
	轻粉质壤土	15~10			
砂壤土（黏粒含量10%~3%）	重砂壤土	10~6	小于砂粒含量	大于粉粒含量	
	轻砂壤土	6~3			<10
	重粉质砂壤土	10~6	大于粉粒含量	小于粉粒含量	
	轻粉质砂壤土	6~3			
砂土（黏粒含量<3%）	砂土	<3	0~20	77~100	<10
	粉砂		20~50	47~80	
粉土		<3	>50	<50	<10
砾质土		至少为砂粒含量或粉粒加黏粒含量10%~15%，至多为前者或后者的33%~50%			

土壤野外简易鉴定方法　　表 9-3

鉴定方法 土壤	用手捻搓时的感觉	用放大镜或肉眼观察搓碎的土	干土的状态	湿土的状态	潮湿时将土捻搓的情况	潮湿时用小刀切削时的情况
黏土	极细的均质土块，很难用手粉碎	匀质细粉末，看不见砂粒	表面有光泽及细条纹，刻划时有光亮的痕迹。坚硬，用锤能打碎，碎块不会散落	胶粘，滑腻，可塑性大	很容易搓成细于 1.5mm 的细长条，易团成小球	切面光滑，不见砂粒
壤土	没有均质的感觉，有些砂粒，土块易压碎	细土中有明显的砂粒	表面光泽黯淡，条纹较粗而宽，土块用手锤击及手压易破碎	黏性及可塑性均弱	能搓成比黏土粗的短条，能团成小球	感觉有砂粒存在
粉质壤土	有少量砂粒，土块易压碎	砂粒很少，可以看到有很多粉粒	同上	同上	能搓成短条，但易破碎	切面粗糙
砂壤土	土质不均，清楚地感觉有砂粒	砂粒多于黏粒	土块用手稍压即碎,并易散开,用铲将土块抛出，即散落成土屑	无塑性	几乎不能搓成条，团成的土球易破碎	—

续表

鉴定方法 土壤	用手捻搓时的感觉	用放大镜或肉眼观察搓碎的土	干土的状态	湿土的状态	潮湿时将土捻搓的情况	潮湿时用小刀切削时的情况
砂土	土壤松散，只有砂粒的感觉，无黏粒的感觉	只有砂粒	松散，无黏聚力	无塑性	不能搓成土条和土球	—
粉土	感觉似干面	砂粒少，粉粒多	土块触碰即散落	成流沙状	同上	—
砾质土	大于2mm的土粒很多	—	松散	—	—	—

这几类土中，砾质土、粉土和砂土透水性很大，不能有效保水，不要在其上建筑鱼池，但砂土抗剪强度大，不易崩塌，可作为筑堤的部分土料。

砂壤土的保水性较强，但其凝聚力小，筑堤不牢固。黏土保水力甚强，作鱼池底的土料适宜，但其干燥后易形成龟裂，冰冻时膨胀太大，融冰后变得太松软，抗剪强度太小，建筑堤坝易坍塌。所以，用砂壤土或黏土单独建设鱼池，施工质量不能保证。但若将其掺入其他土壤，或适当加宽堤面和坡度，仍可用来建筑鱼池。

壤土是最适宜建鱼池的土质，其透水性和保水性均适度，用于建设堤坝，其凝聚力和抗剪强度也合用。

除了土壤的物理性质对施工质量和水域环境有较大影响外，土壤中的化学成分含量对养鱼水质和养鱼成败影响也很大。

我国南方一些地区的土壤中含有大量铁质，长期在这种池塘中养鱼危害很大。因为土壤中的铁会在养殖过程中释放到水中，形成胶体氢氧化铁或氧化铁的赤褐色沉淀，影响鱼类正常呼吸，尤其对鱼卵和鱼苗危害最大。因此，不要在含铁丰富的土壤上建池。含铁丰富的土壤常呈赤褐色、青色，或在黄色土块中含有青色斑点，非常容易辨认。

含腐殖质多的土壤，保水力差，较易渗漏，堤坝易坍塌，也不宜在其上建池。

我国北方的许多盐碱地都已开挖成鱼池养鱼，实践证明是可行的。但是，盐碱地鱼池对鲤鱼繁殖不利，因此繁殖场不要建在盐碱地上。据文献记载，水中含盐量达 0.2% 时就对鲤鱼繁殖有不利影响。据报道，山东青岛地区在盐碱地鱼池中，鲤鱼产卵明显减少甚至不产卵。另外，盐碱地鱼池中易大量繁殖小三毛金藻，产生对鱼类生活不利的毒素，应在实际生产中注意预防。

鉴定土质时，一般采用取样鉴定。方法是：在建池地点选择足够数量的有代表性的点，挖方探测。探测深度要超过池底深度 1m，将各层土壤取出土样测定。在淤积土壤地区更应重视取样鉴定，防止鱼池建成后，池底保水土层厚度不够，造成池塘严重渗漏。

3. 地势适当

建渔场时，地势的选择应遵循的原则是：地势开阔，有一定的坡降，尽量不占用农田，地势应有利于防洪、排涝，有利于施工和降低成本。

遵循以上原则，高低悬殊、坡度陡峭的岭地是不适宜建池的。为追求地势开阔而占用农田，即浪费了农田，又难于开展多种经营，也妨碍了今后的发展和扩建，也是不可取得。除此以外，凹凸不平的荒地、盐碱地、废旧坑塘、洼地、塌陷地、湖泊的消落区、旧河道等，都可以建池。建池地点最好有小小的坡度，这样可以充分利用地势，实现池水的自流排灌，节约养鱼成本。

另外，选择湖泊消落区、旧河道和湖泊、水库、河流附近建池，应对洪水加以重视。地势低洼和集洪面积过大的场所，不要建池。能改造的场所，应该按照小型农田水利要求：建场25年内不受洪水侵犯的原则来考虑建场地点。这就需要向当地水利部门了解过去25年内最大洪水情况和最高水位线。养鱼场要建防洪堤，防洪堤顶最低限度应高出此水位线0.5m，护坡要坚固，以防洪水冲刷；水库库区选点时，场址应在安全水位线以上；山区丘陵地区选点时，应对场地周围的集洪面积、山洪暴发频率、25年一遇的最大降水量和暴雨强度等有关资料作详细的调查，以供建场时设计排洪设施参考。

此外，在台风较多的地方，还应考虑避免台风的不利影响。

4. 交通运输便利，电力充足

养鱼场每年要有大量的产品和原料的进出，交通必须便利，不能选在进出不便的地点。生产中，还需要充足的电力，尤其是夜晚，为防止鱼塘“泛池”，增氧机需要经常开动，因此必须保证电力的供应。

第二节　设计原则和总体布局

一、设计原则

选好养鱼场的建场地点后，就可以进行测量，作出地形图，提出施工方案。养鱼场的设计施工，应遵循节省材料、节省劳力、方便施工和今后渔业生产的原则，据此提出以下要求：

1. 布局合理

养鱼场设计应根据渔业生产的特点，合理布局，以便于生产和管理，减轻劳动强度，提高工作效率。

2. 作好总体规划

养殖生产中，往往要开展多种经营，以充分利用土地和其他资源，减少成本，增加收入。因此在总体规划中，应尽量全面考虑，因地制宜地为今后的发展创造条件。

3. 充分利用地形

充分利用地形，既要合理调配土方，减少挖填，缩短运距，方便施工，又要考虑今后生产中的进排水状况，充分利用地形，实现自流进水、排水，减少生产成本。

4. 就地取材，因地制宜

建设过程中，应充分利用本地资源，如石头、砂土、垫料等，既要价廉易得，又要保证施工质量，这样才能节省时间和运输费用。

二、总体布局

总体布局就是鱼场的总平面图的设计。根据鱼场建筑物的相互关系和渔业生产特点，鱼场的各种建筑物应作如下安排（图 9-1）：

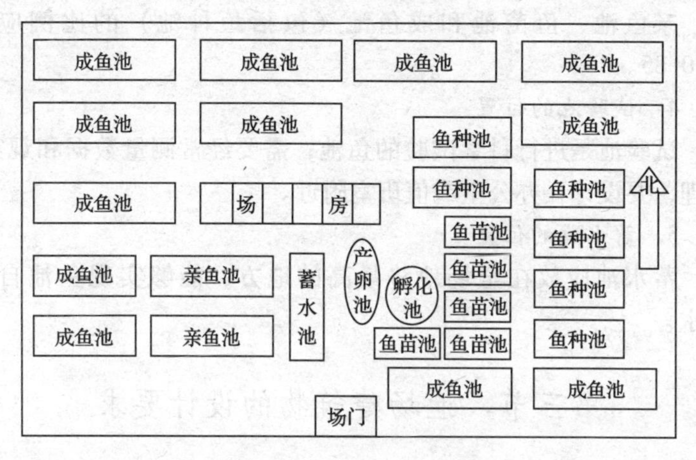

图 9-1　鱼场布局示意图

1. 场房的位置

场房包括办公室、值班室、原料库、饲料库、工具库、配电室、车库等等。它是养鱼场生产的“大本营”，应该放在鱼场的中心位置，最好还是鱼场的最高处，这样去鱼场各处来回方便，日常管理行程短，回场取物便捷，也便于观察鱼场各处的情况。还要有公路直达鱼场门前。

比较大的鱼场，大门前要有传达室，管理车辆和货物的进出。

2. 亲鱼池、产卵池和孵化设备的位置

亲鱼在培育、产卵和产后都要精心照管，所以亲鱼池最好在场房或值班室的前后，方便管理。产卵池和孵化设备都应设计在临近亲鱼池的地方，紧紧相靠，接近场房，便于亲鱼的搬运，集卵和孵化，便于昼夜值班，精心管理。

3. 鱼苗池、鱼种池和成鱼池的位置

鱼苗池应接近孵化设备，鱼种池围绕鱼苗池，成鱼池尽量靠近鱼种池，这样鱼苗下塘，苗种出塘进入成鱼池，都会搬运方便，省工省力。

亲鱼池、鱼苗池和成鱼池（包括鱼种池）的比例应为5:10:85。

4. 试验池的位置

试验池是进行科学试验的鱼池，需要经常测量数据和观察、管理，要设计在办公室或值班室附近。

5. 蓄水池的位置

蓄水池应放在全场地势最高的地方，能够实现鱼池自流进水。

第三节　渔场建筑物的设计要求

一、场房

场房的建筑自有建筑施工单位设计施工，这里仅根据鱼场特点，提出如下要求：

1. 场房建筑面积应与生产规模相适应，经济实用，方便生产和生活。

2. 生产区和生活区应分开，尤其厨房要与生产区隔开。

3. 饲料库、工具库应严格分开，通风向阳，防腐防潮。

4. 若有畜禽饲养区，应靠近鱼池，便于肥料利用。

二、池塘规格

各种鱼塘的规格要根据鱼类不同年龄段的生活习性和生产要求确定。

1. 蓄水池、沉淀池、过滤池和晒水池

这几种池子在鱼场可以合为一池，建有过滤设备，池深4～5m，面积视鱼场生产规模而定。

2. 亲鱼池、成鱼池

这两种池子是养大鱼的池塘，应有开阔的水面，一般面积2～10亩，池深3m左右，水深2.5m左右为宜。

3. 鱼苗池

一般面积1～2亩，池深1.5～2m，水深1～1.5m为宜，也可作鲤鱼、鲫鱼的产卵、孵化池用。

4. 鱼种池

一般面积2～5亩，池深2.5m左右，水深2m为左右宜。

三、池塘结构

各类池塘应呈长方形，东西走向最好，长宽比为2:1或3:2为宜，大池长度应适当加长。但同类池塘宽度最好一致，可以减少网具配备数量。池塘结构由周围的堤坝和池底构成。

1. 堤坝

池塘堤坝高度在10m以下。堤坝宽度和坡度视堤坝作用和土质情况而定。一般需通行汽车的堤坝堤面宽约4～6m；防洪堤坝堤面宽约4～5m，并用石块和杂草护坡，防冲刷，坡度以1:2为宜；一般堤坝堤面宽3～4m，坡度1:1.5。

2. 池底

池塘池底应平坦，由堤脚线向池塘中央应渐深，由注水口向排水口有一定坡度，比降应以1/300～1/200为宜，排水口处为池塘最深点。

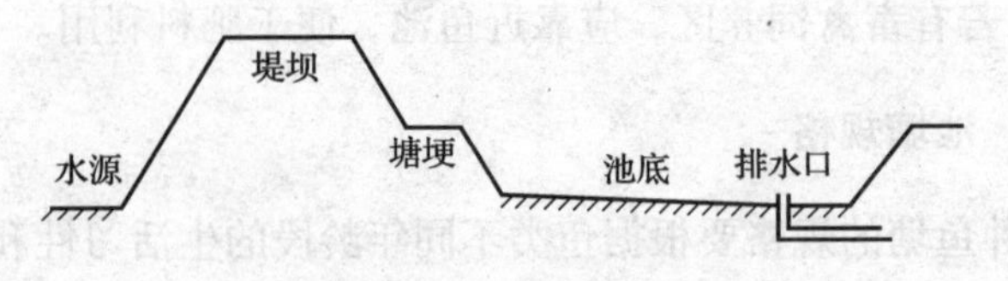

图 9-2　堤坝与池底断面示意图

四、产卵孵化设备

产卵孵化设备包括产卵池和孵化环道。

1．产卵池

目前我国常用的产卵池为圆形产卵池和椭圆形产卵池。

（1）椭圆形产卵池

椭圆形产卵池面积 60~100m^2 为宜，池长 12~15m，宽 7~8m，池深 1.6~1.7m，保持水深 1.5m 左右（见图 9-3）。池壁垂直，水泥砖石砌成。池壁水位线上要设计一溢水口。池底向出水口处有一定倾斜，比降为 2%。

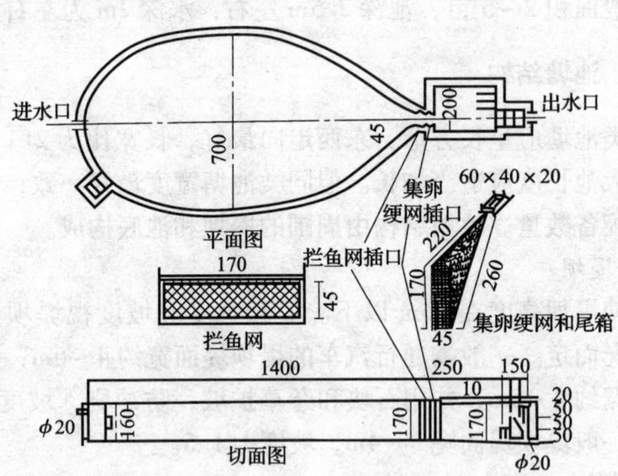

图 9-3　椭圆形产卵池（cm）

进水口 3 个，呈等腰三角形排列，中间一孔较大，正对集卵池，水口距池壁上缘 40cm。其他两个水口，分别设在侧下方，方向正对池底的最宽处。进水口处在放亲鱼前，要装好拦网，拦网靠池底一边用木楔钉牢，防止逃鱼。

出水口与较大的进水口在一条直线上，无死角，两腰长度相等，使池水不产生漩涡和死角，有利于鱼卵的排出。

进、出水口均设有闸门，用来调节水位和流速。

出水口处设计一集卵池，长约3m，宽约2m，池底低于产卵池30～50cm，深度以产卵池的最高水位为准。集卵池尾部设溢水口，底部设排水口，安装好阀门，控制排水。亲鱼产卵后，将网箱设在集卵池中，与产卵池排水口相连，利用产卵池排水时，鱼卵随水流而出，进入网箱，收集鱼卵。

（2）圆形产卵池

圆形产卵池直径8～10m，池深1.7～1.8m，保持水深1.2～1.5m左右（见图9-4）。池壁水位线上设计一溢水口。池底由四周向中心倾斜，一般池中心比四周低10～15cm。中心设圆形或方形出卵口，上盖拦鱼栅。出卵口下埋设涵管（直径25cm左右）与集卵池相连。集卵池设计同椭圆形产卵池。进水管道设在池壁上，与池壁切线成40°角，距池壁上缘40～50cm，沿池壁注水，使池水流转。

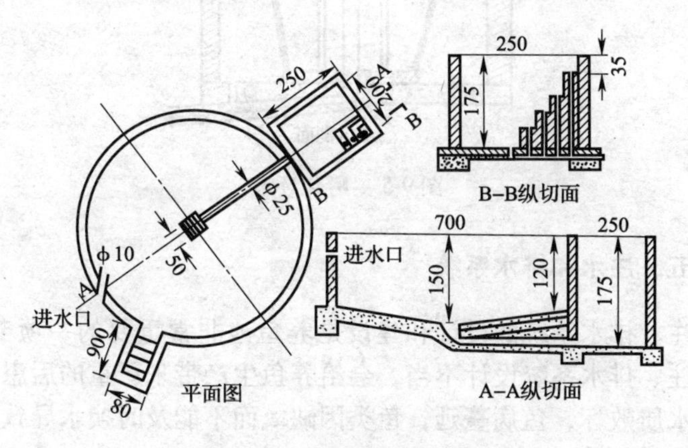

图9-4　圆形产卵池（cm）

2. 孵化环道

孵化环道是水泥砖石结构的环形水池，椭圆形或圆形，直径10～13m不等，宽1m，深0.9m。池壁垂直，环道底最好抹成弧形。进水口多个，均匀分布在环道底部四周切线方向，用鸭嘴喷头，进水时可使环道内水流旋转。出水口位于环道圆中央。环道内壁用筛绢设置一圈过滤窗（见图9-5）。

孵化时，不断由进水口向环道中喷入水流，通过过滤窗后，由中央出水口流出，循环往复，使环道内始终保持清新的水质、较高的溶解氧，受精卵在水流中缓缓翻动，慢慢孵化。

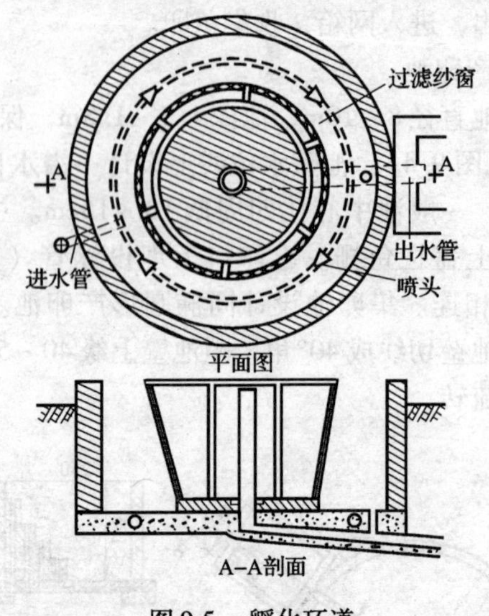

图9-5　孵化环道

五、注水和排水系统

注、排水系统的设计和建设是养鱼池非常重要的一项工作。如果注、排水系统设计不当，会给养鱼生产带来严重的后患，如养鱼水质败坏，鱼病蔓延，鱼类因缺氧而不能及时换水导致死亡等。

注、排水系统的设计和施工应遵循各自独立的原则，既不能排、注兼用，更不能池塘互通。鱼池与注、排水渠应该交替排列，池塘的注、排水口应分别位于池塘长边的对角线上，一端注水，另一端排水。这样既能防治鱼病的相互传染，又有利于池塘水的顺利排出，还有利于亲鱼的培育，对防洪也有好处。

注、排水系统包括注水渠、排水渠及其附属建筑如渡槽、涵管、跌水和注、排水闸门等。

1. 注水渠

注水渠分总渠、干渠和支渠。其流量应该保证在规定时间内灌足需要供水的池塘。

（1）每条渠道应达到的流量的计算公式：

$$\text{流量}(m^3/s)=\frac{\text{所负担的鱼池总面积}(m^2)\times\text{平均水深}(m)}{\text{规定注水天数}\times\text{注水时数}}\times 3\,600$$

（2）安全流速

流量与流速的设计要适当。当渠道断面一定时，流速加快，流量必然随之增大。但受建筑材料坚实程度的限制，流速不可能无限增大。所以要根据土质、砌护材料来确定渠道不冲不淤的安全流速。由表9-4中可查出各种建筑材料的最大允许流速，又叫防冲流速。在设计时稍小于该流速，即为安全流速。

土壤及护面明渠中允许的最大平均流速　　表9-4

土壤及护面种类	允许的最大平均流速（m/s）			
	平均水深（m）			
	0.4	1.0	2.0	3.0以上
松黏土及黏壤土	0.33	0.40	0.46	0.50
中等坚实黏土及黏壤土	0.70	0.85	0.95	1.10
坚实黏土及黏壤土	1.00	1.20	1.40	1.50
中等坚实黄土（未沉陷的）	0.60	0.70	0.80	0.85
草皮护坡	1.50	1.80	2.00	2.20
水泥浆砌砖护坡	1.60	2.00	2.30	2.50
水泥浆砌石护坡	2.90	3.50	4.00	4.40
木槽	2.5以下			

(3) 纵比降

渠道中的水流速度还受渠道纵比降的影响，设计时应予以考虑，但在大多数情况下，只是在渠道施工时将地面的倾斜度稍加调整，这样既经济又便利。如果地面坡度过陡，就要选择适当的地点修建跌水。一般鱼场的注排水渠道应采用如下比降：

支渠纵比降 1/300 ~ 1/750

干渠纵比降 1/750 ~ 1/1 500

总渠纵比降 1/1 500 ~ 1/3 000

(4) 渠道断面

鱼场的注排水渠道，如果用水泥砖石砌墙，渠道多采用长方形断面，如果用土堆砌，多采用梯形断面，边坡倾斜度 1∶1 或 1∶1.5。

2. 注水闸门

注水闸门有槽式和涵管式两种，均用水泥砖石砌成。闸口大小视池塘大小确定。闸口外水流经过的池壁最好用水泥砖石修建护坡，防止冲刷堤坝。

3. 排水渠

排水渠设计同注水渠，只是应比池塘底部至少深 30cm。若排水渠兼作排洪用，其断面大小，要与洪水流量相适应。

4. 排水闸

排水闸过去多设计成槽式底涵管闸（见图 9-6）。这样的闸门，封闭不严，水压大，开闸放水极不方便。现在，鱼场排水闸多设计为梯级式排水闸（见图 9-7），其最大优点是开关方便。闸口大小应以 1 ~ 2 天内排干池水为宜。

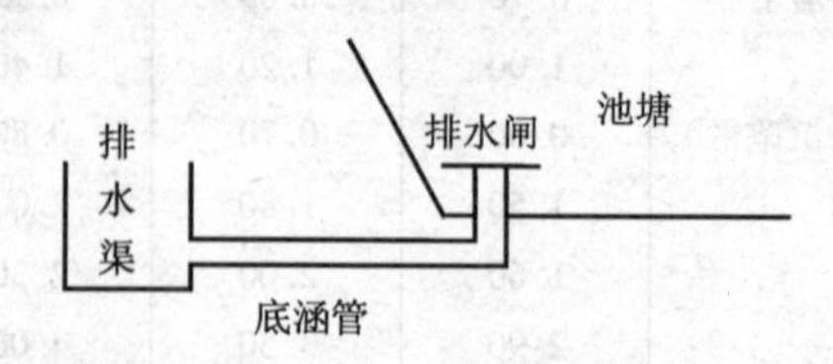

图 9-6　槽式底涵管闸剖面图

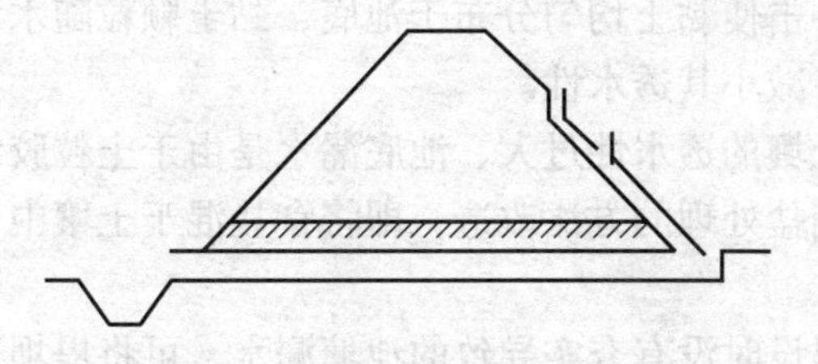

图 9-7　梯级式排水闸剖面图

5. 明渠与暗渠

修建注、排水渠道，采用明渠还是暗渠，各地应因地制宜，根据实际情况而定。明渠施工强度小，需用物资少，检修方便，但占地面积大，妨碍通行。暗渠需要埋设涵管，工程量大，施工复杂，材料耗费大，但不妨碍交通，能避免冬季冰冻，渗漏较小。

如果采用暗渠，设计时每隔一段要修建一个阴井，方便检修，防治淤塞。

第四节　漏水池塘的改造

已经建好的池塘，如果漏水，一般是由两个原因造成的：一是土质透水性太大；二是池堤建设时没有夯实。

土质透水性大的漏水池塘，可采用铺塑料薄膜、铺透水性小的黏性土壤或挂淤等方法改造。

铺塑料薄膜时，先将池水排干，池底晾晒至适于挖掘时，将池底及堤坡上的淤泥除去，然后整个池塘从池底至堤坡铺上一层塑料薄膜，其上垫覆 5 ~ 10cm 厚的壤土，压实即可。

铺覆铺透水性小的黏性土壤的方法是先将池水排干，池底晾晒至适于挖掘时，将池底的淤泥除去，堤坡上的草皮挖成大小适用的草坯移开，将露出的新土挖成台阶形，在池底和堤坡上铺 15 ~ 20cm 厚的黏性壤土，压实，再将草坯覆盖在堤坡上即可。

挂淤的方法简单，先将池水排干，将黏土撒在池底，注水后借水流的冲击使黏土均匀分布于池底，黏土颗粒随水渗入底层土的间隙中，减小其透水性。

有时土壤的透水性过大、池底漏水是由于土粒胶结所致，这时可以采用盐处理的方法改造，即将食盐混于土壤中，使土壤变成盐碱土。

池堤建设时没有夯实导致的池塘漏水，可将堤坝边坡进行充分压实，减小其渗漏。但压实不好往往使整个堤身不结实，仅将堤坝表面再次压实效果不明显。这时只有采用铺覆黏土或翻修堤坡的方法，彻底改造才行。

第十章　种植与养殖的生态农业之路

第一节　概　述

通过前面的系统学习，我们基本掌握了各种农村种植和养殖设施的规划、设计与建造技术，但是随着现代农业的发展，需要根据农业生产要求，将不同的设施科学、有机的组合在一起，形成不同的高效、生态农业生产模式，要求种植与养殖业走生态农业之路，以便获得最佳的农业经济效益、社会效益和生态环境效益，促进农业的可持续发展。因此，在农村种植和养殖设施的具体规划、设计与建造过程中，我们必须根据具体的生态农业模式进行科学、合理的规划设计，使各种设施发挥最大效能。这就要求我们对生态农业和生态农业模式有一个基本的了解。

什么是生态农业与生态农业模式？生态农业是指利用人、生物与环境之间的能量转换定律和生物之间的共生、互养规律，结合本地资源结构，建立一个或多个“一业为主、综合发展、多级转换、良性循环”的高效无废料系统。它是农业系统工程结构中的重要系统之一，是搞好“人地粮”和“水土肥”平衡的重要内容。生态农业模式就是这种“一业为主、综合发展、多级转换、良性循环”的高效无废料系统的具体农业生产形式。

为了促进生态农业的健康发展，全面深入地推动我国生态农业建设，2002 年农业部科技教育司组织专家组对全国各地的 370 种生态农业模式（或技术体系）进行反复研讨，遴选、提炼出具有代表性的十大类型生态农业模式，并正式将此十大模式作为今后一段时间内农业部的重点任务加以推广，以发挥其指导和示范作用。

第二节　十大生态农业模式及配套技术简介

本节所介绍的是农业部推出的十大典型模式及配套技术的主要内容。由于中国幅员辽阔，跨越众多经纬度和海拔高度带，各地的自然、地理、环境和经济等条件有较大差异，因此，在具体实施中，应根据各地具体条件，因地制宜地合理组合，形成适合当地实际的生态农业生产模式。

一、北方“四位一体”生态模式及配套技术

基本内容：该模式是在自然调控与人工调控相结合条件下，利用可再生能源（沼气、太阳能）、保护地栽培（大棚蔬菜）、日光温室养猪及厕所4个因子，通过合理配置形成以太阳能、沼气为能源，以沼渣、沼液为肥源，实现种植业（蔬菜）、养殖业（猪、鸡）相结合的能流、物流良性循环系统，这是一种资源高效利用、综合效益明显的生态农业模式。运用本模式冬季北方地区室内外温差可达30℃以上，温室内的喜温果蔬正常生长，畜禽饲养、沼气发酵安全可靠。

工程设计：包括日光温室设计、沼气池工程设计、猪舍建筑设计等。

基本要素：建一个坐北朝南、200～600m^2 的日光温室；温室内部西侧、东侧或北侧建一个20m^2 的畜禽舍和一个1m^2 的厕所；畜禽舍下部为一个6～10m^3 的沼气池。

核心技术：沼气池建造及使用技术；猪舍温、湿度调控技术；猪舍管理和猪的饲养技术；温室覆盖与保温防寒技术；温室温、湿度调控技术；日光温室综合管理措施等。

配套技术：无公害蔬菜、水果、花卉高产栽培技术；畜、禽科学饲养管理技术；食用菌生产技术等。

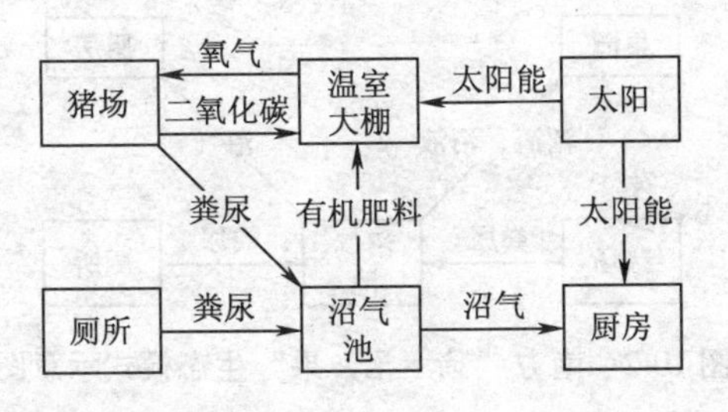

图 10-1　北方“四位一体”生态模式示意图

二、南方“猪 – 沼 – 果”生态模式及配套技术

基本内容：该模式是利用山地、农田、水面、庭院等资源，采用“沼气池、猪舍、厕所”三结合工程，围绕主导产业，因地制宜开展“三沼”（沼气、沼渣、沼液）综合利用，达到对农业资源的高效利用和生态环境建设、提高农产品质量、增加农民收入等效果。工程的果园（或蔬菜、鱼池等）面积、生猪养殖规模、沼气池容积必须合理组合。

工程技术：包括猪舍建造、沼气池工程建设、贮肥池建设、水利配套工程等。

基本要素：“户建一口池，人均年出栏 2 头猪，人均种好一亩果”。

运作方式：用于农户日常做饭点灯，沼肥（沼渣）用于果树或其他农作物，沼液用于拌饲料喂养生猪，果园套种蔬菜和饲料作物，满足育肥猪的饲料要求。除养猪外，还包括养牛、养鸡等养殖业；除果业外，还包括粮食、蔬菜、经济作物等。该模式突出以山林、大田、水面、庭院为依托，与农业主导产业相结合，延长产业链，促进农村各业发展。

核心技术：养殖场及沼气池建造、管理，果树（蔬菜、鱼池等）种植和管理等。

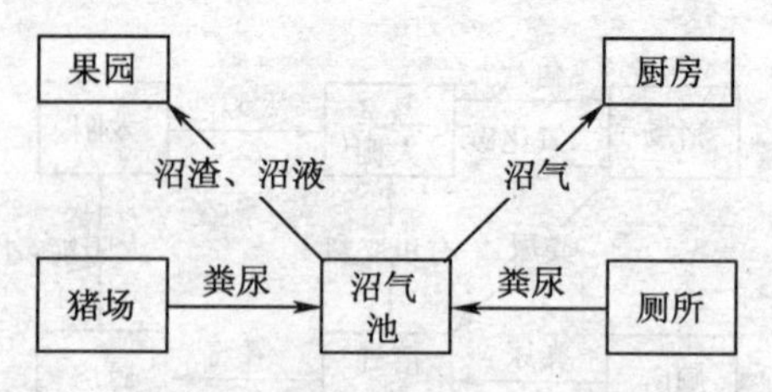

图 10-2　南方“猪－沼－果”生态模式示意图

三、平原农林牧复合生态模式及配套技术

农林牧复合生态模式是指借助接口技术或资源利用在时空上的互补性所形成的两个或两个以上产业或组分的复合生产模式。所谓接口技术是指联结不同产业或不同组分之间物质循环与能量转换的连接技术，如种植业为养殖业提供饲料饲草，养殖业为种植业提供有机肥，其中利用秸秆转化饲料技术、利用粪便发酵和有机肥生产技术均属接口技术，是平原农牧业持续发展的关键技术。平原农区是我国粮、棉、油等大宗农产品和畜产品乃至蔬菜、林果产品的主要产区，进一步挖掘农林、农牧、林牧不同产业之间的相互促进、协调发展的能力，对于我国的食品安全和农业自身的生态环境保护具有重要意义。

1. “粮饲－猪－沼－肥”生态模式及配套技术

基本内容：一是种植业由传统的粮食生产一元结构或粮食、经济作物生产二元结构向粮食作物、经济作物、饲料饲草作物三元结构发展，饲料饲草作物正式分化为一个独立的产业，为农区饲料业和养殖业奠定物质基础。二是进行秸秆青贮、氨化和干堆发酵，开发秸秆饲料用于养殖业，主要是养牛业。三是利用规模化养殖场畜禽粪便生产有机肥，用于种植业生产。四是利用畜禽粪便进行沼气发酵，同时生产沼渣沼液，开发优质有机肥，用于作物生产。主要有粮－猪－沼－肥、草地养鸡、种草养鹅等模式。

主要技术：包括秸秆养畜过腹还田、饲料饲草生产技术、秸秆青贮和氨化技术、有机肥生产技术、沼气发酵技术以及种养结构优化配置技术等。配套技术包括作物栽培技术、节水技术、平衡施肥技术。

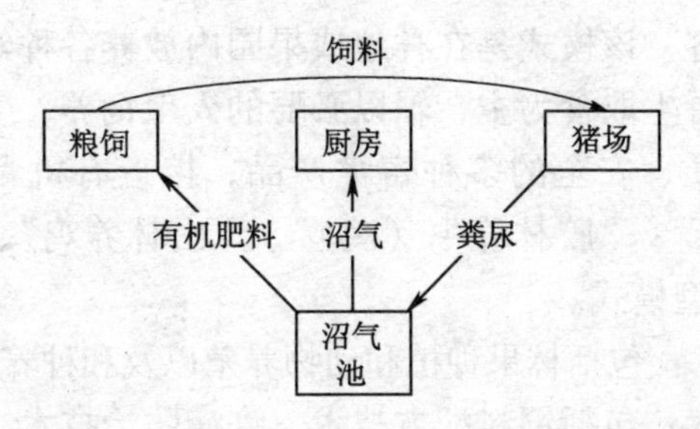

图 10-3 "粮饲－猪－沼－肥"生态模式示意图

2."林果－粮经"立体生态模式及配套技术

基本内容：该模式国际上统称农林业或农林复合系统，主要利用作物和林果之间在时空上利用资源的差异和互补关系，在林果株行距中间开阔地带种植粮食、经济作物、蔬菜、药材乃至瓜类，形成不同类型的农林复合种植模式，也是立体种植的主要生产形式，一般能够获得较单一种植更高的综合效益。我国北方主要有河南兰考的桐（树）粮（食）间作、河北与山东平原地区的枣粮间作、北京十三陵地区的柿粮间作等典型模式。

主要技术：有立体种植、间作技术等。

配套技术：包括合理密植栽培技术、节水技术、平衡施肥技术、病虫害综合防治技术等。

我国"农田林网"生态模式与配套技术也可以归结到农林复合这一类模式中。主要指为确保平原区种植业的稳定生产，减少农业气象灾害，改善农田生态环境条件，通过标准化统一规划设计，利用路、渠、沟、河进行网格化农田林网建设以及部分林带或片林建设，一般以速生杨树为主，辅以柳树、银杏等树种，并通过间伐保证合理密度和林木覆盖率，这样便逐步形成了与农田生态系统相配套的林网体系。

主要技术：包括树木栽培技术、网格布设技术。配套技术包括病虫害防治技术、间伐技术等。其中以黄淮海地区的农田林网最为典型。

3．“林果－果禽”复合生态模式及配套技术

基本内容：该模式是在林地或果园内放养各种经济动物，放养动物，以野生取食为主，辅以必要的人工饲养，生产较集约化养殖更为优质、安全的多种畜禽产品，接近有机食品。主要有“林－鱼－鸭”、“胶林养牛（鸡）”、“山林养鸡”、“果园养鸡（兔）”等典型模式。

主要技术：包括林果种植和动物养殖以及和种养搭配比例等。

配套技术：包括饲料配方技术、疫病防治技术、草生栽培技术和地力培肥技术等。以湖北的林－鱼－鸭模式、海南的胶林养鸡和养牛最为典型。

四、草地生态恢复与持续利用模式及配套技术

草地生态恢复与持续利用模式是遵循植被分布的自然规律，按照草地生态系统物质循环和能量流动的基本原理，运用现代草地管理、保护和利用技术，在牧区实施减牧还草，在农牧交错带实施退耕还草，在南方草山草坡区实施种草养畜，在潜在沙漠化地区实施以草为主的综合治理，以恢复草地植被，提高草地生产力，遏制沙漠东进，改善生存、生活、生态和生产环境，增加农牧民收入，使草地畜牧业得到可持续发展。

1．牧区减牧还草模式

基本内容：针对我国牧区草原退化、沙化严重，草畜矛盾尖锐，直接威胁着牧区和东部广大农区的生态和生产安全的现状。通过减牧还草，恢复草原植被，使草原生态系统重新进入良性循环，实现牧区的草畜平衡和草地畜牧业的可持续发展，使草原真正成为保护我国东部生态环境、防止沙化的重要措施。

配套技术：①饲草料基地建设技术，水源充足的地区建立优质高产饲料基地，无水源条件的地区选择条件便利的旱地建立饲料基地，满足家畜对草料的需求，减轻家畜对天然草地的放牧

压力，为家畜越冬贮备草料。② 草地围封补播植被恢复技术，草地围封后禁牧2~3年或更长时间，使草地植被自然恢复，或补播抗寒、抗旱、竞争性强的牧草，加速植被的恢复。③ 半舍饲养、舍饲养技术，牧草禁牧期、休牧期进行草料的贮备与搭配，满足家畜生长和生产对养分的需求。④ 季节畜牧业生产技术，引进国内外优良品种对当地饲养的家畜进行改良，生长季划区轮牧和快速育肥结合，改善生产和生长性能。⑤ 再生能源利用技术，应用小型风力发电机，太阳能装置和暖棚，满足牧民生活、生产用能，减缓冬季家畜掉膘，减少对草原薪柴的砍伐，提高牧民的生活质量。

2. 农牧交错带退耕还草模式

基本内容：在农牧交错带有计划地退耕还草，发展草食家畜，增加畜牧业的比例，实现农牧耦合，恢复生态环境，遏制土地沙漠化，增加农民的收入。

配套技术：① 草田轮作技术，牧草地和作物田以一定比例播种种植，2~3年后倒茬轮作，改善土壤肥力，增加作物产量和牧草产量。② 家畜异地育肥技术，购买牧区的架子羊、架子牛利用农牧交错带饲料资源和秸秆的优势，进行集中育肥，进入市场。③ 优质高产人工草地的建植利用技术，选择优质高产牧草建立人工草地用于牧草生产或育肥幼畜放牧，解决异地育肥家畜对草料的需求。④ 再生能源利用技术，在风能、太阳能利用的基础上增加沼气的利用。

3. 南方山区种草养畜模式

基本内容：我国南方广大山区中海拔1 000m以上的地区，水热条件好，适于建植人工草地，饲养牛羊，具有发展新西兰型高效草地畜牧业的潜力。利用现代草建植技术建立“白三叶+多年生黑麦草”人工草地，选择适宜的载畜量，对草地进行合理的放牧利用，使草地得以持续利用，草地畜牧业的效益大幅度提高。

配套技术：① 人工草地划区轮牧技术，“白三叶+多年生黑麦草”人工草地在载畜量偏高或偏低的情况下均出现草地退化，优良牧草逐渐消失，适宜载畜量并实施划区轮牧计划可保持优良牧草比例的稳定，使草地得以持续利用。② 草地植被改良技术，南方草山原生植被营养价值不适于家畜利用，首先采取对天然草地植被重牧，之后施入磷肥，对草地进行轻耙，将所选牧草种子播种于草地中，可明显提高播种牧草的出苗率和成活率。③ 家畜宿营法放牧技术，将家畜夜间留宿在放牧围栏内，以控制杂草、控制虫害、调控草地的养分循环，维持优良牧草比例。④ 家畜品种引进和改良技术，通过引进优良家畜品种典型案例对当地家畜进行改良，利用杂种优势提高农畜的生产性能，提高草畜牧业生产效率。

4. 沙漠化土地综合防治模式

基本内容：干旱、半干旱地区因开垦和过度放牧使沙漠化土地面积不断增加，以每年2 000km^{2}速率发展，严重威胁着当地人民的生活和生产安全。根据荒漠化土地退化的阶段性和特征，综合运用生物、工程和农艺技术措施，遏制土地荒漠化，改善土壤理化性质，恢复土壤肥力和草地植被。

配套技术：① 少耕免耕覆盖技术，潜在沙漠化地区的农耕地实施高留茬少耕、免耕或改秋耕为春耕，或增加种植冬季形成覆盖的越冬性作物或牧草，降低冬季对土壤的风蚀。② 乔灌围网，牧草填格技术，土地沙漠化农耕或草原地区采取乔木或灌木围成林（灌）网，在网格中种植多年生牧草，增加地面覆盖。特别干旱的地区采取与主风向垂直的灌草隔带种植。③ 禁牧休耕、休牧措施，具潜在沙漠化的草原或耕地采取围封禁牧休耕，或每年休牧3 ~4 个月，恢复天然植被。④ 再生能源利用技术，风能、太阳能和沼气利用。

5. 牧草产业化开发模式

基本内容：在农区及农牧交错区发展以草产品为主的牧草产业，种植优良牧草实现草田轮作，增加土壤肥力，减少化肥造成的环境污染，同时有利于奶业和肉牛、肉羊业的发展。运用优良牧草品种、高产栽培技术、优质草产品收获加工技术，以企业为龙头带动农民进行牧草的产业化生产。

配套技术：① 高蛋白牧草种植管理技术，以苜蓿为主的高蛋白牧草的水肥平衡管理，病虫杂草的防除。② 优质草产品的收获加工技术，采用先进的切割压扁、红外监测适时打捆、烘干等手段，减少牧草蛋白的损失，生产优质牧草产品。③ 产业化经营，以企业为龙头，实行"基地+农户"的规模化、机械化、商品化生产。

五、生态种植模式及配套技术

生态种植模式指依据生态学和生态经济学原理，利用当地现有资源，综合运用现代农业科学技术，在保护和改善生态环境的前提下，进行高效的粮食、蔬菜等农产品的生产。在生态环境保护和资源高效利用的前提下，开发无公害农产品、有机食品和其他生态类食品成为今后种植业的一个发展重点。

1."间套轮"种植模式

基本内容："间套轮"种植模式是指在耕作制度上采用间作套种和轮作倒茬的模式。利用生物共存、互惠原理发展有效的间作套种和轮作倒茬技术是进行生态种植的主要模式之一。间作指两种或两种以上生育季节相近的作物在同一块地上同时或同一季成行的间隔种植。套种是间前作物的生长后期，于其株行间播种或栽植后作物的种植方式，是选用两种生长季节不同的作物，可以充分利用前期和后期的光能和空间。合理安排间作套种可以提高产量，充分利用空间和地力，还可以调剂好用工、用水和用肥等矛盾，增强抗击自然灾害的能力。

典型的间作套种种植模式有：北京大兴县西瓜与花生、蔬菜间作套种的新型种植方式；河南省麦、烟、薯间作套种模式；山东省章丘市的马铃薯与粮、棉及蔬菜作物的间作套种；山东省农技推广总站推出的小麦、越冬菜、花生/棉花间作套种等是土地关于养用结合的重要措施。可以均衡利用土壤养分，改善土壤理化性状，调节土壤肥力，且可以防治病虫害，减轻杂草的危害，从而间接地减少肥料和农药等化学物质的投入，达到生态种植的目的。

典型的轮作倒茬种植模式有：禾谷类作物和豆类作物轮换的禾豆轮作；大田作物和绿肥作物的轮作；水稻与棉花、甘薯、大豆、玉米等旱作轮换的水旱轮作；以及西北等旱区的休闲轮作。

2. 保护耕作模式

基本内容：用秸秆残茬覆盖地表，通过减少耕作防止土壤结构破坏，并配合一定量的除草剂、高效低毒农药控制杂草和病虫害的一种耕作栽培技术。保护性耕作通过保持土壤结构、减少水分流失和提高土壤肥力达到增产目的，是一项把大田生产和生态环境保护相结合的技术，俗称"免耕法"或"免耕覆盖技术"。国内外大量实验证明，保护性耕作有根茬固土、秸秆覆盖和减少耕作等作用，可以有效地减少土壤水蚀，并能防止土壤风蚀，是进行生态种植的主要模式之一。

配套技术：中国农业大学"残茬覆盖减耕法"，陕西省农科院旱农所"旱地小麦高留茬少耕全程覆盖技术"，山西省农科院"旱地玉米免耕整秆半覆盖技术"，河北省农科院"一年两熟地区少免耕栽培技术"，山东淄博农机所"深松覆盖沟播技术"，重庆开县农业生态环境保护站"农作物秸秆返田返地覆盖栽培技术"，四川苍溪县的水旱免耕连作，重庆农业环境保护监测站的稻田垄作免耕综合利用技术等。

3. 旱作节水农业生产模式

基本内容：旱作节水农业是指利用有限的降水资源，通过工程、生物、农艺、化学和管理技术的集成，把生产和生态环境保护相结合的农业生产技术。其主要特征是运用现代农业高新技术手段，提高自然降水利用率，消除或缓解水资源严重匮乏地区的生态环境压力、提高经济效益。

配套技术：抗旱节水作物品种的引种和培育；关键期有限灌溉、抑制蒸腾、调节播栽期避旱、适度干旱处理后的反冲机制利用等农艺节水技术；微集水沟垄种植、保护性耕作、耕作保墒、薄膜和秸秆覆盖、经济林果集水种植等；抗旱剂、保水剂、抑制蒸发剂、作物生长调节剂的研制和应用；节水灌溉技术、集雨补灌技术、节水灌溉农机具的生产和利用等。

4. 无公害农产品生产模式

基本内容：发展生态种植业，注重农业生产方式与生态环境相协调，在玉米、水稻、小麦等粮食作物主产区，推广优质农作物清洁生产和无公害生产的专用技术，集成无公害优质农作物的技术模式与体系，以及在蔬菜主产区，进行无公害蔬菜的清洁生产及规模化、产业化经营模式。

配套技术：平衡施肥技术，如中国农科院土肥所推出并推广的“施肥通”智能电子秤；新型肥料，如包膜肥料及阶段性释放肥料的施用；采用生物防治技术控制病虫草害的发生；农药污染控制技术，如对靶施药技术及新型高效农药残留降解菌剂的应用；增加膜控制释放农药等新型农药的应用等。

典型案例：广东农科院蔬菜所粤北山区夏季反季节无公害蔬菜生产技术；四川农科院无公害水稻生产；河北大厂县无公害优质小麦生产技术；吉林市农业环保监测站清洁生产型菜篮子生态农业模式；吉林省通化市农科院水稻优质品种混合稀植与有机栽培技术；黑龙江绥化市绿色食品水稻栽培技术、虎林市绿色食品水稻产业化技术等。

六、生态畜牧业生产模式及配套技术

生态畜牧业生产模式是利用生态学、生态经济学、系统工程和清洁生产思想、理论和方法进行畜牧业生产的过程，其目的在于达到保护环境、资源永续利用的同时生产优质的畜产品。

生态畜牧业生产模式的特点：是在畜牧业全程生产过程中既要体现生态学和生态经济学的理论，同时也要充分利用清洁生产工艺，从而达到生产优质、无污染和健康的农畜产品；其模式的成功关键在于饲料基地、饲料及饲料生产、养殖及生物环境控制、废弃物综合利用及畜牧业粪便循环利用等环节能够实现清洁生产，实现无废弃物或少废弃物生产过程。现代生态畜牧业根据规模和环境的依赖关系分为复合型生态养殖场和规模化生态养殖场两种生产模式。

1. 复合生态养殖场生产模式

基本内容：该模式主要特点是以畜禽动物养殖为主，辅以相应规模的饲料粮（草）生产基地和畜禽粪便消纳土地，通过清洁生产技术生产优质畜产品。根据饲养动物的种类可以分为以猪为主的生态养殖场生产模式，以草食家畜（牛、羊）为主的生态养殖场生产模式，以禽为主的生态养殖场生产模式和以其他动物（兔、貂等）为主的生态养殖场生产模式。

技术组成：① 无公害饲料基地建设。通过饲料粮（草）品种选择，土壤基地的建立，土壤培肥技术，有机肥制备和施用技术，平衡施肥技术，高效低残留农药施用等技术配套，实现饲料原料的清洁生产。主要包括禾谷类、豆科类、牧草类、根茎瓜类、叶菜类、水生饲料。② 饲料及饲料清洁生产技术。根据动物营养学，应用先进的饲料配方技术和饲料制备技术，根据不同畜禽种类、长势进行饲料配伍，生产全价配合饲料和精料混合料。作物残体（纤维性废弃物）营养价值低，或可消化性差，不能直接用作饲料。但如果将它们进行适当处理，即可大大提高其营养价值和可消化性。目前，秸秆处理方法有机械（压块）、化学（氨化）、生物（微生物发酵）等处理技术。国内应用最广的是青贮和氨化。③ 养殖及生物环境建设。畜禽养殖过程中利用先进的养殖技术和生物环境建设，达到畜禽生产的优质、无污染，通过禽畜舍干清粪技术和疫病控制技术，使畜禽生长环境优良，无病或少病发生。④ 固液分离技术和干清粪技术。对于水冲洗的规模化畜禽养殖场，其粪尿采用水冲洗方法排放，既污染环境、浪费水资源，也不利于养分资源的利用。采用固液分离设备首先进行固液分离，固体部分进行高温堆肥，液体部分进行沼气发酵。同时为减少用水量，尽可能采用干清粪技术。⑤ 污水资源化利用技术。采用先进的固液分离技术分离出液体部分在非种植季节进行处理达到排放标准后排放或者进行蓄水贮藏，在作物生长季节可以充分利用污水中的水肥资源进行农田灌溉。⑥有机肥和有机无机复混肥制备技术。采用先进的固液分离技术、固体部分利用高温堆肥技术和设备，生产优质有机肥和商品化有机无机复混肥。⑦沼气发酵技术。利用畜禽粪污进行沼气和沼气肥生产，合理地循环利用物质和能量，解决燃料、肥料、饲料矛盾，保护并改善生态环境，促进农业全面、持续、良性发展，促进农民增产增收。

典型案例：陕西省陇县奶牛奶羊农牧复合型生态养殖场、江苏省南京市古泉村禽类实验农牧复合型生态养殖场、浙江杭州佛山养鸡场、西安大洼养鸡场等。

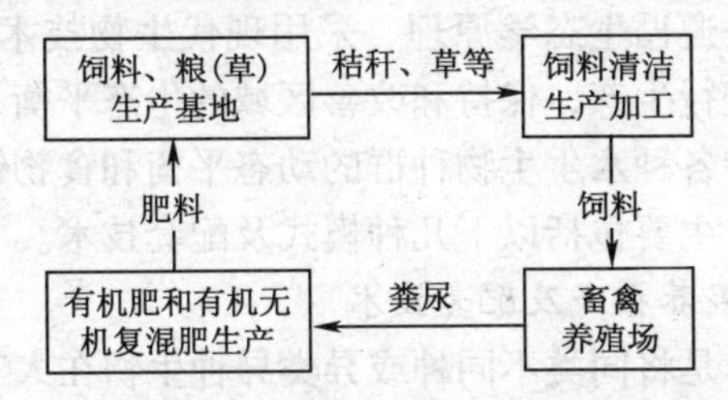

图 10-4 复合生态养殖场生产模式示意图

2. 规模化养殖场生产模式

基本内容：该模式主要特点是主要以大规模畜禽动物养殖为主，但缺乏相应规模的饲料粮（草）生产基地和畜禽粪便消纳土地场所，因此，需要通过一系列生产技术措施和环境工程技术进行环境治理，最终生产出优质畜产品。根据饲养动物的种类可以分为规模化养猪场生产模式、规模化养牛场生产模式、规模化养鸡场生产模式。

技术组成：饲料及饲料清洁生产技术；养殖及生物环境建设；固液分离技术；污水处理与综合利用技术；有机肥和有机无机复混肥制备技术；沼气发酵技术。

典型案例：天津宁河规模化肉猪养殖场、上海市郊崇明岛东风规模化生态奶牛场等。

3. 生态养殖场产业化开发模式

生态养殖场产业化经营是现代畜牧业发展的必然趋势，是生态养殖场生产的一种科学组织与规模化经营的重要形式。商品化和产业化生态养殖场生产主要包括饲料饲草的生产与加工、优良动物新品种的选育与繁育、动物的健康养殖与管理、动物的环境控制与改善、畜禽粪便无害化与资源化利用、动物疫病的防治、畜产品加工、畜产品营销和流通等环节构成。科学合理地确定各生产要素的连接方式和利益分配，从而发挥畜禽产业化各生产要素专业化和社会化的优势，实现生态畜牧业的产业化经营。

七、生态渔业模式及配套技术

该模式是遵循生态学原理，采用现代生物技术和工程技术，按生态规律进行生产，保持和改善区域的生态平衡，保证水体不受污染，保持各种水生生物种群的动态平衡和食物链网结构合理的一种模式。主要包括以下几种模式及配套技术。

1. 池塘混养模式及配套技术

池塘混养是将同类不同种或异类异种生物在人工池塘中进行多品种综合养殖的方式。其原理是利用生物之间具有互相依存、竞争的规则，根据养殖生物食性垂直分布不同，合理搭配养殖品种与数量，合理利用水域、饲料资源，使养殖生物在同一水域中协调生存，确保生物的多样性。

2. 海湾鱼虾贝藻兼养模式及配套技术

根据海流流速合理布区，在同一海湾中同时进行鱼类、贝类、蟹类、藻类养殖的模式。其原理是吃食鱼、虾、蟹类网箱养殖的残饵、排泄物，一方面成为有机碎屑，直接成为吊养、底栖养殖贝类的饵料；另一方面在细菌的作用下分解产生营养盐类，促进浮游生物的繁殖，供作贝类的饵料，或作为藻类生长、浮游植物繁殖的营养盐类。养殖动物、浮游动物呼吸作用产生的二氧化碳供藻类生长、浮游植物繁殖；藻类、浮游植物光合作用产生的氧气供动物呼吸。

3. 稻田养殖模式及配套技术

目前稻田养殖主要有稻田养鱼、养蟹、养贝等几种模式。鱼类可选择革胡子鲶、罗非鱼、鲤、鲫、草鱼；蟹类可选河蟹；贝类可选三角帆蚌。稻田养殖的关键是要做好管水、投饵、施肥、用药、防洪、防旱、防逃、防害、防盗等工作。

4. "以渔改碱"模式及配套技术

这种模式及配套技术有：台田渔改碱模式及配套技术和盐碱地对虾养殖模式及配套技术。

5. 湖泊网围（栏）模式及配套技术

湖泊网围养殖是充分利用大水面优越的自然资源（水质清新、溶氧高），养殖以丰富的天然水草、螺蚬资源为主饲料的吃食性鱼、蟹、虾类的生态养殖模式。其关键技术包括：① 网围水域（草型湖泊）的选择；② 网围设施建造技术；③ 鱼（蟹、虾）种放养技术；④ 补饵及投喂技术；⑤ 日常管理技术；⑥ 捕捞技术。

6. 渔牧综合模式及配套技术

这种模式及配套技术有：鱼与水草综合养殖模式及配套技术；鱼与芡实、菱、藕类的综合模式及配套技术；鱼与禽综合养殖模式及配套技术；鱼与畜综合养殖模式及配套技术；牧、渔、农复合模式及配套技术。

八、丘陵山区小流域综合治理利用型生态农业模式及配套技术

我国丘陵山区约占国土面积的70%，这类区域的共同特点是地貌变化大、生态系统类型复杂、自然物产种类丰富，其生态资源优势使得这类区域特别适于发展农林、农牧或林牧综合性特色生态农业。

1. "围山转"生态农业模式与配套技术

基本内容：该模式是依据山体高度不同，因地制宜布置等高环形种植带，农民形象地总结为"山上松槐戴帽，山坡果林缠

腰，山下瓜果梨桃”。这种模式合理地把退耕还林还草、水土流失治理与坡地利用结合起来，恢复和建设了山区生态环境，发展了当地农村经济。等高环形种植带作物种类的选择因纬度和海拔高度而异，关键是作物必须适应当地条件，并且具有较好的水土保持能力。例如，在半干旱区，选择耐旱力强的沙棘、柠条、仁用杏等经济作物建立水土保持作物条带等。另外，要注意在环形条带间穿播布置不同收获期的作物类型，以便使坡地终年保存可阻拦水土流失的覆盖作物等高条带。建设坚固的地埂和地埂植物篱，也是强化水土保持的常用措施。云南哈尼族梯田历数千年不衰也证实了生态型梯地利用的可持续性。

配套技术：等高种植带园田建设技术；适应性作物类型选择技术；地埂和植物篱建设工程技术；多种作物类型选择配套和种植、加工技术等。

2．生态经济沟模式与配套技术

基本内容：该模式是在小流域综合治理中通过荒地拍卖、承包形式建立起来的一类治理与利用结合的综合型生态农业模式。小流域既有山坡也有沟壑，水土流失和植被破坏是突出的生态问题。按生态农业原理，实行流域整体综合规划，从水土治理工程措施入手，突出植被恢复建设，依据沟、坡的不同特性，发展多元化复合型农业经济，在平缓的沟地建设基本农田，发展大田和园林种植业；在山坡地实施水土保持的植被恢复措施，因地制宜地发展水土保持林、用材林、牧草饲料和经济林果种植（等高种植），综合发展林果、养殖、山区土特产和副业（如编织）等多元经济。目前主要是通过两种途径来发展该模式，一是依靠政府综合规划和技术服务的帮助，带动多个农户业主共同建设；另一个是单一或几家业主联合承包来建设，后一途径的条件是业主必须具有一定的基建投资能力和综合发展多元经济的管理、技术能力。

配套技术：水土流失综合治理规划技术；水土流失治理工程技术；等高种植和梯田建设技术；地埂植物篱技术；保护性耕作

技术；适应植物选择和种植技术；土特产种养和加工技术；多元经济经营管理技术等。

3. 西北地区“牧－沼－粮－草－果”五配套模式与配套技术

基本内容：该模式主要适应西北高原丘陵农牧结合地带，以丰富的太阳能为基本能源，以沼气工程为纽带，以农带牧、以牧促沼、以沼促粮、草、果种植业，形成生态系统和产业链合理循环的体系。

配套技术：阳光圈舍技术；沼气工程技术；沼渣、沼液利用技术；水窖贮水和节水技术；粮草果菜种植技术；畜禽养殖技术；农畜产品简易加工技术等。

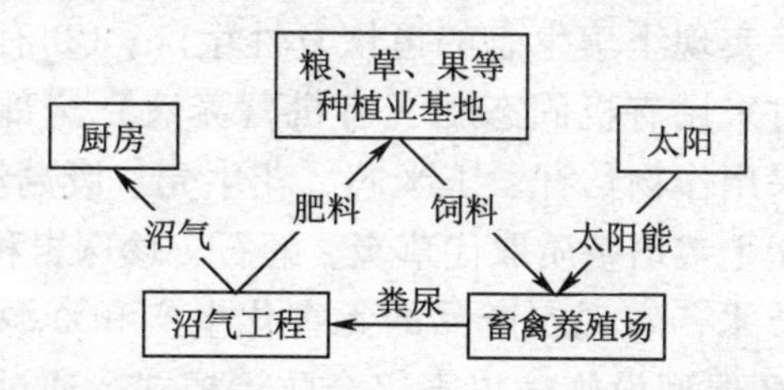

图 10-5　西北地区“牧－沼－粮－草－果”五配套模式示意图

4. 生态果园模式及配套技术

基本内容：生态果园模式也适应于平原果区，但在丘陵山地区应用最广泛。该模式基本构成包括：标准果园（不同种类的果类作物）、果林间种牧草或其他豆科作物，林内有的结合放养林蛙，果园内有的建猪圈、鸡舍和沼气池，有的还在果树下放养土鸡以帮助除虫。生态果园比传统果园的生态系统构成单元多，系统稳定性强、产出率高，病虫害少和劳动力利用率高。

配套技术：生物防治技术；生物间协作互利原理应用技术；果、草（豆科作物）种植技术；草地鸡放养技术；沼气工程和沼气（渣、液）合理利用技术等。

九、设施生态农业模式及配套技术

设施生态农业及配套技术是在设施工程的基础上，通过以有机肥料全部或部分替代化学肥料（无机营养液），以生物防治和物理防治措施为主要手段进行病虫害防治，以动、植物的共生互补良性循环等技术构成的新型高效生态农业模式。其典型模式与技术有以下几种。

1. 设施清洁栽培模式及配套技术

基本内容：① 设施生态型土壤栽培。通过采用有机肥料（固态肥、腐熟肥、沼液等）全部或部分替代化学肥料，同时采用膜下滴灌技术，使作物整个生长过程中化学肥料和水资源能得到有效控制，实现土壤生态的可恢复性生产；② 有机生态型无土栽培。通过采用有机固态肥（有机营养液）全部或部分替代化学肥料，采用作物秸秆、玉米芯、花生壳、废菇渣以及炉渣、粗砂等作为无土栽培基质取代草炭、蛭石、珍珠岩和岩棉等，同时采用滴灌技术，实现农产品的无害化生产和资源的可持续利用；③ 生态环保型设施病虫害综合防治模式。通过以天敌昆虫为基础的生物防治手段以及一批新型低毒、无毒农药的开发应用，减少农药的残留；通过环境调节、防虫网、银灰膜避虫和黄板诱虫等离子体技术等物理手段的应用，减少农药用量，使蔬菜品种品质明显提高。

技术组成：① 设施生态型土壤栽培技术。主要包括有机肥料生产加工技术，设施环境下有机肥料施用技术，膜下滴灌技术；栽培管理技术等；② 有机生态型无土栽培技术。主要包括有机固态肥（有机营养液）的生产加工技术，有机无土栽培基质的配制与消毒技术，滴灌技术，有机营养液的配制与综合控制技术，栽培管理技术等；③ 以昆虫天敌为基础的生物防治技术；④ 以物理防治为基础的生态防病、土壤及环境物理灭菌，叶面微生态调控防病等生态控病技术体系等。

2. 设施种养结合生态模式及配套技术

基本内容：通过温室工程将蔬菜种植、畜禽（鱼）养殖有机地组合在一起而形成的质能互补、良性循环型生态系统。目前，这类温室已在中国辽宁、黑龙江、山东、河北和宁夏等省市自治区得到较大面积的推广。该模式目前主要有两种形式：① 温室“畜-菜”共生互补生态农业模式。主要利用畜禽呼吸释放出的 CO_2。供给蔬菜作为气体肥料，畜禽粪便经过处理后作为蔬菜栽培的有机肥料来源，同时蔬菜在同化过程中产生的 O_2 等有益气体供给畜禽来改善养殖生态环境，实现共生互补。② 温室“鱼-菜”共生互补生态农业模式。利用鱼的营养水体作为蔬菜的部分肥源，同时利用蔬菜的根系净化功能为鱼池水体进行清洁净化。

技术组成：① 温室“畜-菜”共生互补生态农业模式。主要包括“畜-菜”共生温室的结构设计与配套技术，畜禽饲养管理技术，蔬菜栽培技术，“畜-菜”共生互补合理搭配的工程配套技术，温室内 NH_3、H_2S 等有害气体的调节控制技术。② 温室“鱼菜”共生互补生态农业模式。主要包括“鱼-菜”共生温室的结构与配套技术，温室水产养殖管理技术，蔬菜栽培技术，“鱼-菜”共生互补合理搭配的工程配套技术，水体净化技术。

3. 设施立体生态栽培模式及配套技术

基本内容：该模式目前有三种主要形式：① 温室“果-菜”立体生态栽培模式。利用温室果树的休眠期、未挂果期地面空间的空闲阶段，选择适宜的蔬菜品种进行间作套种。② 温室“菇-菜”立体生态培养模式，通过在温室过道、行间距空隙地带放置食用菌菌棒，进行“菇-菜”立体生态栽培，食用菌产生的 CO_2 可作为蔬菜的气体肥源，温室高温高湿环境又有利食用菌生长。③ 温室“菜-菜”立体生态栽培模式。利用藤式蔬菜与叶菜类蔬菜空间上的差异，进行立体栽培，夏天还可利用藤式蔬菜为喜阴蔬菜遮阳，互为利用。

技术组成：包括温室的选型、结构设计、施工配套技术；立体栽培设施的工程配套技术；脱毒抗病设施栽培品种的选用技术；“果－菜”、“菇－菜”、“菜－菜”品种的选用与搭配；立体栽培设施的水肥管理技术；病虫害综防植保技术。

十、观光生态农业模式及配套技术

该模式是指以生态农业为基础，强化农业的观光、休闲、教育和自然等多功能特征，形成具有第三产业特征的一种农业生产经营形式。主要包括高科技生态农业园、精品型生态农业公园、生态观光村和生态农庄4种模式。

1. 高科技生态农业观光园

基本内容：主要以设施农业（连栋温室）、组配车间、工厂化育苗、无土栽培、转基因品种繁育、航天育种、克隆动物育种等农业高新技术产业或技术示范为基础，并通过生态模式加以合理联结，再配以独具观光价值的珍稀农作物、养殖动物、花卉、果品以及农业科普教育（如农业专家系统、多媒体演示）和产品销售等多种形式，形成以高科技为主要特点的生态农业观光园。

技术组成：设施环境控制技术，保护地生产技术，营养液配制与施用技术，转基因技术，组培技术，克隆技术，信息技术，有机肥施用技术，保护地病虫害综合防治技术，节水技术等。

典型案例：北京的锦绣大地农业科技园、中以示范农场、朝来农艺园和上海孙桥现代农业科技园。

2. 精品型生态农业公园

基本内容：通过生态关系将农业的不同产业、不同生产模式、不同生产品种或技术组合在一起，建立具有观光功能的精品型生态农业公园。一般包括粮食、蔬菜、花卉、水果、瓜类和特种经济动物养殖精品生产展示、传统与现代农业工具展示、利用植物塑造多种动物造型、利用草坪和鱼塘以及盆花塑造各种观赏图案与造型，形成综合观光生态农业园区。

技术组成：景观设计，园林设计，生态设计技术，园艺作物和农作物栽培技术，草坪建植与管理技术等。

典型案例：广东的绿色大世界农业公园。

3．生态观光村

基本内容：专指已经产生明显社会影响的生态村，它不仅具有一般生态村的特点和功能（如村庄经过统一规划建设、绿化美化环境卫生清洁管理，村民普遍采用沼气、太阳能或秸秆气化，农户庭院进行生态经济建设与开发，村外种养加生产按生态农业产业化进行经营管理等），而且由于具有广泛的社会影响，已经具有较高的参观访问价值，具有较为稳定的客流，可以作为观光产业进行统一经营管理。

技术组成：村镇规划技术，景观与园林规划设计技术，污水处理技术，沼气技术，环境卫生监控技术，绿化美化技术，垃圾处理技术，庭院生态经济技术等。

典型案例：北京大兴区的留民营村、浙江省藤头村。

4．生态农庄

基本内容：一般由企业利用特有的自然和特色农业优势，经过科学规划和建设，形成具有生产、观光、休闲度假、娱乐乃至承办会议等综合功能的经营性生态农庄，这些农庄往往具备赏花、垂钓、采摘、餐饮、健身、狩猎、宠物乐园等设施与活动。

技术组成：自然生态保护技术，自然景观保护与持续利用规划设计技术，农业景观设计技术，人工设施生态维护技术，生物防治技术，水土保持技术，生物篱笆建植技术等。

典型案例：北京郊区的安利隆生态旅游山区、蟹岛度假村。

问题索引

第八章

第九章

第十章

参 考 文 献

[1] 徐向峰，杨广林，王立舒等. 我国设施农业的现状及发展对策研究 [J]. 东北农业大学学报，2005，36（4）：520～522

[2] 郭来锁，杨万仓. 对设施农业发展的认识与实践 [J]. 科研管理，2000，21（3）：56～59

[3] 邹志荣主编. 园艺设施学. 北京：中国农业出版社，2002

[4] 何启伟，苏德恕，赵德婉主编. 山东蔬菜. 上海：上海科学技术出版社，1997

[5] 范双喜主编. 现代蔬菜生产技术全书. 北京：中国农业出版社，2004

[6] 陆帼一主编. 北方日光温室建造及配套设施. 北京：金盾出版社，2002

[7] 孙培博主编. 节能温室种菜易学易做. 北京：中国农业出版社，2006

[8] 汪兴汉主编. 蔬菜设施栽培技术. 北京：中国农业出版社，2004

[9] 刘世琦主编. 蔬菜栽培学. 北京：金盾出版社，1998

[10] 韩世栋主编. 蔬菜栽培. 北京：中国农业出版社，2001

[11] 于艳. 冬防温室气害及防治 [J]. 小康生活，2006（1）

[12] 徐丽芳. 冬季日光温室的保温增温措施 [J]. 山西农业，2006（3）

[13] 孙锋，邱立春等. 燃煤热风炉在温室生产中的应用 [J]. 农机化研究，2006.6

[14] 吴国兴，刘晓芬. 日光温室的设计与建造（一）至（五）[J]. 新农业，2000（7）～（11）

[15] 冯小鹿. 日光温室反光幕 [J]. 农业知识，2006（11）

[16] 赵伟华. 日光温室内的光温条件及调控 [J]. 北方园艺，2005（4）

[17] 李同锴，张彦立. 设施农业专用光源的研制 [J]. 石家庄铁道

学院学报，2006（2）

［18］徐建新．温室大棚设备的使用与维护［J］．农技服务，2003（4）

［19］周增产．温室主要设施的日常维护［J］．中国花卉园艺，2005（6）

［20］肖林刚，邹平等．日光温室的保温与加温［J］．新疆农机化，2006（2）

［21］吴建民，田俊华．春季蔬菜温室大棚防气害［J］．蔬菜，2006（3）

［22］华中农业大学主编．蔬菜贮藏加工学（第二版）．北京：农业出版社，1991

［23］北京农业大学主编．果品贮藏加工学（第二版）．北京：农业出版社，1990

［24］罗云波，蔡同一主编．园艺产品贮藏加工学（贮藏篇）．北京：中国农业大学出版社，2003

［25］薛卫东编著．果蔬贮藏与保鲜．成都：电子科技大学出版社，1996

［26］安立龙主编．家畜环境卫生学．北京：高等教育出版社，2004

［27］程德君等主编．规模化养猪生产技术．北京：中国农业大学出版社，2003

［28］李保明主编．家畜环境与设施．北京：中央广播电视大学出版社，2004

［29］李如治主编．家畜环境卫生学．北京：中国农业出版社，2003

［30］李震钟主编．畜牧场生产工艺与畜舍设计．北京：中国农业出版社，2000

［31］赵书广主编．中国养猪大成．北京：中国农业出版社，2000

［32］傅先强，仇宝琴主编．肉鸡饲养管理与疾病防治技术．北京：中国农业大学出版社，2003

［33］韩俊彦主编．养鸡技术大全．沈阳：辽宁科学技术出版社，1997

［34］邱祥聘主编．家禽学．成都：四川科学技术出版社，1993

［35］唐春福主编．新农村生态家园建设500问．北京：中国农业出版社，2003

［36］王生雨主编．蛋鸡生产新技术．济南：山东科学技术出版社，

1991

[37] 杨山，李辉主编. 现代养鸡. 北京：中国农业出版社，2001

[38] 赵世铎，韩俊彦. 《养牛问答》. 辽宁. 辽宁科学技术出版社，1985

[39] 蒋国材.《养牛全书》. 四川：四川科学技术出版社，1998

[40] 昝林森.《牛生产学》. 北京：中国农业出版社，1999

[41] 赵有璋. 羊生产学. 北京：中国农业出版社，2005

[42] 赵有璋. 肉羊高效生产技术. 北京：中国农业出版社，1998

[43] 商树岐，田永强. 养羊技术. 辽宁：辽宁科学技术出版社，1985

[44] 曹瑞敏等，怎样办好一个养羊场. 北京：中国农业出版社，2003

[45] 张居农. 高效养羊综合配套新技术. 北京：中国农业出版社，2001

[46] 钟声，林继煌. 肉羊生产大全. 南京：江苏科学出版社，2002

[47] 苏振渝. 獭兔养殖图册. 北京：台海出版社，2000

[48] 余有成. 肉鸽养殖新技术. 杨凌：西北农林科技大学出版社，2005

[49] 王克建，李朝松. 养兔和兔病防治. 甘肃：甘肃人民出版社，1985

[50] 白跃宇，王克健. 新编科学养兔手册. 河南：中原农民出版社，2002

[51] 郑军. 养兔技术指导. 北京：金盾出版社，2001

[52] 张振华，董亚芳. 养兔生产大全. 江苏：江苏科学出版社，2005

[53] 陈益填，曾镇生. 快速养鸽技术. 广东：广东科技出版社，1993

[54] 王振龙，宋憬愚等. 淡水养殖实用新技术. 北京：中国农业科技出版社，1996

[55] 雷慧僧等. 池塘养鱼学. 上海：上海科学技术出版社，1981

[56] 刘建康，何碧梧等. 中国淡水鱼类养殖学（第二版）. 北京：科学技术出版社，1992

[57] 中国科学院水生生物研究所. 淡水渔业增产新技术. 南昌：江西科学技术出版社，1988

[58] 中国生态农业十大模式和技术 [J]. 农业环境与发展，2003，1至6 期

[59] 农业部. 中国农业发展报告 [M]. 北京：中国农业出版社，2004